高等学校通信工程专业"十三五"规划教材

通信工程设计实务

徐承亮　秦晓娟　梁芳芳　编著

郑善清　主审

U0310430

中国铁道出版社有限公司

CHINA RAILWAY PUBLISHING HOUSE

内 容 简 介

本书以中华人民共和国工业和信息化部〔2016〕451号文件为依据,以培养通信工程设计人才为目的而编写。全书分为三部分:第一部分为通信工程设计概述。第二部分为信息通信建设工程设计,分为通信电源设备安装工程设计、有线通信设备安装工程设计、无线通信设备安装工程设计、通信线路安装工程设计四个项目(每个项目又分为11个子任务),每个项目都结合案例对通信工程设计进行了详尽的分析。第三部分为通信工程设计文件编制规定。

本书紧扣行业标准和规范,以工程实例分析为重点,具有较强的实用性,既可以作为高职高专院校通信工程及其相关专业的教材,也可以作为通信工程技术人员的培训教材使用。

图书在版编目(CIP)数据

通信工程设计实务/徐承亮,秦晓娟,梁芳芳编著.—北京:
中国铁道出版社,2018.8(2021.1重印)
高等学校通信工程专业"十三五"规划教材
ISBN 978-7-113-24728-7

Ⅰ.①通… Ⅱ.①徐… ②秦… ③梁… Ⅲ.①通信工程-
工程设计-高等学校-教材 Ⅳ.①TN91

中国版本图书馆 CIP 数据核字(2018)第 180013 号

书　　　名:通信工程设计实务
作　　　者:徐承亮　秦晓娟　梁芳芳

策　　　划:刘丽丽　　　　　　　　　　　编辑部电话:(010)51873202
责任编辑:刘丽丽　鲍　闻
封面设计:一克米工作室
封面制作:刘　颖
责任校对:张玉华
责任印制:樊启鹏

出版发行:中国铁道出版社有限公司(100054,北京市西城区右安门西街8号)
网　　　址:http://www.tdpress.com/51eds/
印　　　刷:北京市科星印刷有限责任公司
版　　　次:2018年8月第1版　2021年1月第2次印刷
开　　　本:787mm×1092mm　1/16　印张:12.75　字数:306千
书　　　号:ISBN 978-7-113-24728-7
定　　　价:39.00元

前　言

随着高等教育的发展,课程开发逐渐体现出以职业能力培养为本的特点。2017年9月,中共中央办公厅、国务院办公厅印发了《关于深化教育体制机制改革的意见》,明确提出:"要注重培养支撑终身发展、适应时代要求的关键能力。在培养学生基础知识和基本技能的过程中,强化学生关键能力培养。"明确列出了四种关键能力,即认知能力、合作能力、创新能力及职业能力。2017年12月20日,《国务院办公厅关于深化产教融合的若干意见》指出,深化"引企入教"改革。鉴于此,我们认真总结了几年以来已经出版的类似教材的编写经验,用了较长时间去调研各类高等职业教育院校的教材需求,组织了学校、企业、行业中一批具有丰富教学经验和通信工程设计实践经验的作者团队编写了本教材,从实际工作出发,重在提高学生的职业能力。

本书以培养通信工程设计能力为主线,本着培养服务于生产一线的技术技能人才,降低授课难度,突出高职高专学生职业性,突出知识应用性,在知识够用的基础上、加强学生创新能力的培养。

本教材的特色如下:

(1)加强实用性,全书以通信工程最新的方案为主线,以案例分析讲解整个设计过程,增加了实用性知识。

(2)难度适中,全书每个案例都是在实际工程实施中相对简单的案例,目的是使学生容易接受、理解,能尽快掌握通信工程设计的方法。本书知识的深度、难度比较适合高职学生的特点。

(3)教学内容新颖性,整个教学内容都是以中华人民共和国工业和信息化部〔2016〕451号文件为依据,应用最新的定额标准作为编制基础,编写了通信电源设备安装工程设计、有线通信设备安装工程设计、无线通信设备安装工程设计、通信线路工程设计等案例,这些都是目前工程实施中的最新案例,而且每一步计算都给出了清晰的指示,便于学生自学。

本书由广州科技贸易职业学院徐承亮高级工程师、广东理工职业学院秦晓娟老师、广东工程职业技术学院梁芳芳老师编著,由中达安股份有限公司郑善清副总工程师主审,在此要特别感谢郑总的辛苦付出。广东杰赛通信规划设计院的王小稳、陈耿岚、肖杏强、林永恒参加了本书第二部分的设计与编写,为本书的出版付出了心血和努力。同时,在本书的编写和出版过程中,还得到了兄弟职业技术学院的老师,以及中国铁道出版社的大力支持与帮助,在此表示最诚挚的感谢!

由于编者水平有限,书中不妥之处在所难免,恳请广大读者批评指正。

编　者

2018年6月

目　录

第二部分　信息通信建设工程设计

第三部分　通信工程设计文件编制规定

第一部分　通信工程设计概述

第 1 章　通信网络结构及建设项目的特点

1.1　通信网络结构

通信网是国家信息基础设施,提供网络和信息服务,全面支撑经济社会发展。

通信网是由一定数量的节点(包括终端节点、交换节点)和连接这些节点的传输系统有机地组织在一起,按约定的信令或协议完成任意用户间的信息交换的通信体制。

1. 从设备上划分

通信网从设备上讲是由交换设备、传输设备、用户终端设备组成的。

(1)交换设备是通信网的核心,完成接入交换节点链路的汇集、转接、接续和分配,实现一个用户和他所要求的另一个或多个用户之间的路由选择的连接。

(2)传输设备是传输电(光)信号的通道,是连接交换节点的媒介,用于完成信息的传输。

(3)用户终端设备是用户与网络之间的接口,主要功能是完成信息与信号的相互转换。

通信网络实现信息的连接,完成人与人、人与物、物与物间的信息传递,并可对信息进行一定的处理。最简单的通信系统一般由信源、发送设备、传输信道、接收设备和信宿几部分组成,这种系统可实现点对点通信,要实现多用户之间的通信还需要通过交换控制设备将多个通信系统有机地组成一个整体,使它们能协同工作,形成通信网络,通过几百亿台服务器和传感器为全球几十亿人提供话音、视频、数据等各类信息交互服务。

我国目前电信网络基本结构如图 1-1-1 所示。

从网络层次上运营商的电信网络可以分成主干网、本地网(或城域网)和接入网三个大层次。

接入网最靠近用户,用于接入各类通信终端或用户的专网。接入网按技术可以分为无线接入网和有线接入网两大类,无线接入网包括 3G 无线网、4G 无线网、Wi-Fi 等网络。无线基站信号覆盖半径一般在几千米以内,无线基站的信号回传基本要通过有线接入网来传输。典型的有线接入网包括光纤到户的 FTTH、无线基站回传的 PTN、大客户专线的 MSTP 等接入网络。

近年来,随着技术的发展应用及国家战略的推进,光纤逐步向用户端延伸,铜缆逐步向用户端退缩,也就是"光进铜退"。我国城市地区 90% 以上家庭已具备光纤接入能力,行政村通光缆比例近年将达到 98%,所以无论有线接入网采用什么技术,其底层的通信介质绝大多数是光纤光缆。接入网虽然位于网络末梢,但犹如神经末梢,其数量巨大,如今我国的移动基站数量已超过 500 万个,接入光缆总长度达到 2 000 万千米。

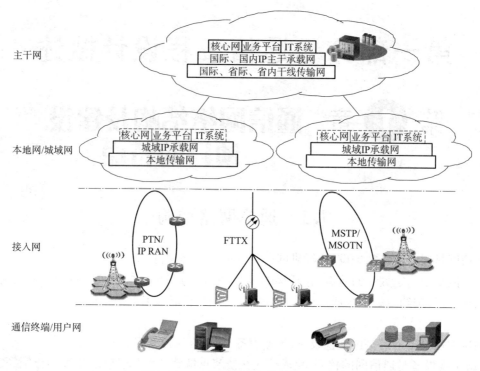

图 1 - 1 - 1　通信网络整体结构示意图

接入网将通信信号从用户向上连接到本地网(或城域网)进行中继或处理,本地网覆盖若干县市或地市区域,本地网络从纵向层次还可以分成传输网(包括底层的光缆网)、IP 承载网两大类侧重于传输承载的层次,以及核心网、各类业务平台、云平台、IT 支撑系统等侧重于控制处理的层次。

为了实现更广的连接本地或城域外的通信还需要通过主干网进行,主干网纵向层级的划分和本地网类似,从横向地域可以再分为省内干线、省际干线、国际干线等三个层次。由于部分网络有集中化的发展趋势,部分中小型本地网的核心网、业务平台及 IT 支撑系统的很多功能可能会集中到主干网统一实现,不同运营商间的网络互联互通大多是在主干网络层面进行。

除了以上各类网络之外,通信网络的搭建还要依赖重要的基础设施或配套设施,如容纳各类通信设备的通信机楼、IDC 机楼、接入局所等局房,局房内的配套电源空调等系统,为敷设光缆所需的通信管道,以及为承载移动天线的通信铁塔等。

2. 从功能上划分

通信网从功能上划分可分为业务网、传输网和支撑网,如图 1 - 1 - 2 所示。

其各组成部分的基本功能:

(1)业务网:完成具体的电信业务,如电话网、数据网和综合业务数字网等。

(2)传输网(基础网):由传统的传输系统演变而来,主要传输媒介是光纤。传输网是整个电信网中各种业务网、支撑网的基础承载部分,是整个电信网的基础。

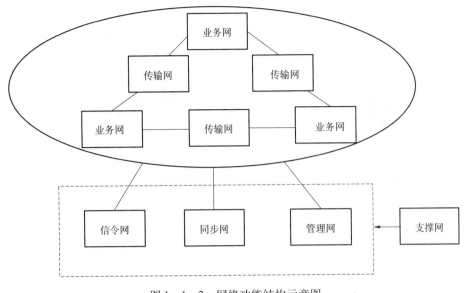

图 1-1-2　网络功能结构示意图

（3）支撑网：为保证电信基础网和业务网的正常运行，增强网络功能，提高全网服务质量而形成的网络，分为信令网、同步网和管理网。

通信网络建设项目按专业或业务的不同一般可以划分为无线网、传输网、数据网、核心网、业务网、有线接入网、IT 系统、基础设施、局房等。

1.2　通信网络建设工程特点

（1）具有全程全网联合作业的特点，在工程建设中必须满足统一的网络组织原则、统一的技术标准，解决工程建设中各个组成部分的协调配套，更好地发挥投资效益。

（2）通信技术发展很快，新技术、新业务不断更新换代，在建设中要坚持高起点，充分论证新技术、新业务、新设备的应用，保证网络的先进性，提高劳动生产率和服务水平。

（3）通信网络是现代信息社会的基础，可以说有人类活动的地方就需要通信网络。通信网络点多、线长、面广，工程建设项目数量多，分布在全国乃至世界各地，规模大小悬殊，工程建设管理具有一定难度。

（4）通信建设很多是对原有网络的扩充、提升与完善，也可以视为对原有通信网的调整改造，因此必须处理好新建工程与原有网络的关系，处理好新旧技术的衔接和兼容，并保证原有业务运行不受影响。

第 2 章 通信工程建设概述

2.1 建设工程相关概念

建设工程是指有计划、有目的地投入一定的人力、物力、财力,通过勘察设计、施工及设备购置等活动形成的固定资本。

1. 按照建设方式分类

工程按照建设方式可分为新建、扩建、改建三类。

(1)新建:从基础开始建造的建设项目,也包括原有基础薄弱,经扩大建设规模后,其新增固定资本价值超过原有固定资本价值三倍以上,并需要重新进行总体设计的建设项目;迁建符合新建条件的建设项目。

(2)扩建:在原有基础上加以扩充的建设项目,包括扩大原有产品的生产能力、增加新的产品生产能力以及为取得新的效益和使用功能而新建主要生产场所或工程。

(3)改建:在原有基础上,为提高生产效益,改进质量或使用功能、目的,对原有工程进行改造的建设项目,如装修工程。

2. 按照固定资产投资性质分类

建设工程按照固定资产投资性质可分为基本建设和技术改造两类。

(1)基本建设是指利用自有资金、专项资金、国内银行贷款、外资或其他资金进行的,以扩大生产能力为主要目的新建、扩建工程和相应的辅助性生产、生活福利设施建设以及相关的经济活动。其主要范围包括:

①新建电信生产用房、职工住宅和辅助性生产用房。

②新建的长途光缆传输建设工程。

③新建微波、卫星、移动通信设备,以及长途、本地网交换工程等。

(2)技术改造是指利用自有资金、专项资金、国内银行贷款、外资或其他资金,通过采用新技术、新工艺、新设备、新材料,对企业现有的固定资本进行更新、技术改造及其相关的经济活动。主要包括:

①现有企业增装和扩大长途交换、数据通信、移动通信等设备以及营业服务的各项业务的自动化、智能化处理设备,或采用新技术、新设备以及相应的补缺配套工程。

②原有光缆、微波、卫星和无线通信系统的技术改造、更新换代和扩容工程。

③原有本地网设备、线路的扩建增容、补缺配套,以及采用新技术、新设备的更新和改造工程。

2.2 建设工程生命周期与工程造价

从管理的角度来说,建设工程的生命周期通常可划分为决策(立项)阶段、实施阶段和验收投产阶段(使用阶段)三个阶段。建设工程周期主要包括科研、设计、招投标、施工、竣工验收、运营使用和报废等过程。

工程造价是与建设工程紧密相连的,它指建设一项工程预期开支或实际开支的全部固定资产投产费用。投资者为了获得预期效益,就要通过项目评估、工程招投标,直到工程验收等一系列建设管理活动,使投资转为固定资产和无形资产,所有这些开支构成了工程造价。

因此工程造价就是工程投资全部费用,建设项目的工程造价就是建设项目的固定资产投资。

通信建设项目,一般投资额度比较大,建设周期长,工程技术难度大,涉及的工程设备、材料品种繁多,施工工艺复杂,点多、面广。由于通信工程所处的各地气候、环境、地质等自然条件差异很大,工程设备、材料、技术劳务价格都随着当地市场的变化而变化。同样规模的通信建设项目,投资费用会出现很大差异。因此,通信建设项目只能采用特殊的计价程序,即单件计价、多层次计价、多样性方法的计价和组合汇总计价等多种方式,目的是使通信工程的造价更加接近实际情况。

1. 单件计价

由于每个通信建设项目所处地理位置、地质结构、施工环境及运输、材料供应都不一样,这些差别决定了每项建设工程都必须依据所在地情况,实行差别化的单独计价,如预算表四的材料设备单价,全国各地都不一样,且需要每季或半年更新。

2. 多层次计价

通信工程造价可分为固定(静态)投资和动态投资两部分。由于工程建设周期长,各种自然、人为因素不断变化,所以静态投资部分可以一次计算准确,但动态投资计划一次很难计算准确。因此,需要按照建设程序,分阶段、多层次实施。在不同阶段,影响工程造价的因素是不同的,应根据各种因素变化,适时地调整工程造价,以保证其造价控制的科学性。

多层次计价是一个逐步调整和接近实际造价的过程,也是由浅入深、由概略到精细的过程。通信工程基本建设程序与工程造价对应关系如图1-2-1所示。

阶段	立项阶段				实施阶段							验收投产阶段		
					勘察设计			设备材料采购	申报质监	施工	监理、设计	验收	竣工备案	投入使用
内容	项目建议书	可行性研究报告	立项审批	规划审批	初步设计	技术设计	施工图设计							
工程造价	投资估算				工程概算	修正概算	设计预算	合同价	/	结算价		工程决算	/	/

图1-2-1　通信工程基本建设程序与工程造价对应关系示意图

（1）投资估算

在项目建议书或可行性研究阶段，对拟建项目通过编制估算文件确定项目的总投资额。投资估算是建设项目决策、筹集资金和控制工程造价的主要依据。

（2）工程概算

在初步设计阶段，按照概（预）算定额、概算指标编制的工程造价。概算造价分为建设项目总概算、单项工程概算和单位工程概算等。

工程概算是确定和控制固定资产投资、编制和安排投资计划，核定工程贷款，筹备设备、材料和签订订货合同，控制施工图预算的主要依据。同时，也是在工程招标中确定标底的主要依据。

（3）修正概算

在技术设计阶段，对初步设计阶段按照概算定额、概算指标或预算定额编制的工程造价进行补充、修正和调整，比概算更接近项目的实际价格。

（4）设计（施工图）预算

在施工图设计阶段，按照预算定额编制的工程造价。施工图预算是设计概算的进一步具体化，是根据施工图设计计算出的工程量，依据现行预算定额及取费标准、签订的设备材料合同价或预算价等进行计算和编制的工程费用文件。工程预算是考核工程成本，确定工程造价的主要依据，是承发包工程合同价和工程款结算的主要依据。同时，也是考核施工图设计技术经济合理性的主要依据。

（5）合同价

在工程招投标阶段，通过签订总承包合同、工程施工合同、设备采购合同以及技术咨询服务合同等确定的价格。合同价是由承发包双方根据市场行情共同商定并认可的成交价。

（6）结算价

工程竣工结算时，根据工程合同的相关约定，对实际发生的工程量增减及对工程设备、材料差价等进行调整后计算和确定的价格。结算价是施工、设计、监理单位结算工程的实际价格。

（7）工程决算

工程决算是指由建设单位编制的反映建设项目实际造价和投资效果的文件。其内容应包括从项目策划到竣工投产全过程的全部实际费用。

3. 多样性方法的计价

为了适应单件计价和多层次计价，计算和确定工程造价的常用方法有套用定额法、综合指标估算法、单位指标估算法、设备系数法等。各种计算方法适应的建设项目条件各不相同。在项目建设过程中，应根据不同工程、不同阶段，选择不同的计价方法。

4. 组合汇总计价

每个单项工程都是一个综合体。按照工程项目划分的原则，通信工程可以分解成若干工序（分部、分项工程）。工程造价就是分别计算各工序（分部、分项工程）造价，再组合成单位工程造价，最后汇总成单项工程的总造价。

2.3　工程建设一般程序

基本建设程序指基本建设全过程中各项工作所必须遵循的先后顺序，即建设项目从立项决策、工程实施到验收投产的全过程符合科学规律的工作顺序。

基本建设程序的主要程序:项目建议书、可行性研究报告、立项审批、规划审批、勘察设计、设备材料采购、申报质监、施工、监理、验收、竣工备案和投入使用等。

从事建设工程活动,必须严格执行基本建设程序,坚持先勘察设计、后施工、再验收投产的原则。严禁边勘察、边设计、边施工的"三边"工程,这是基本建设程序要求。

1. 项目建议书

建设单位根据本地区国民经济及社会发展的要求、本单位滚动计划的安排以及当地通信业务市场的需要,经过调查、预测、分析,提出拟建项目的项目建议书。

项目建议书的主要内容:

(1)项目提出的必要性和依据。

(2)工程方案、拟建规模和建设地点的初步设想。

(3)资源情况、建设条件、协作关系初步分析。

(4)投资估算和资金筹措设想。

(5)项目进度安排、经济效益和社会效益的初步估计。

2. 可行性研究

可行性研究指决定一个建设项目之前,事先对拟建项目在工程技术和经济上是否合理和可行,进行全面分析、论证方案和比较,推荐最佳方案,为决策提供科学依据。建设单位必须委托有相应资质的设计、咨询单位进行可行性研究,编制可行性研究报告。主要是市场需求、技术研究、经济研究三方面,其主要内容包括:

(1)项目提出背景、投资的必要性和意义。

(2)需求预测和拟建规模,建成后增加的生产能力。

(3)建设方案论证:提出可供决策选择的多种方案,进行方案的技术经济比较和论证,推荐首选方案;建设条件、进度和工期。

(4)项目建成后维护运行条件,生产和人员培训。

(5)资金来源和预测投资回收年限,财务评价。

(6)存在问题和解决的办法。

3. 立项审批

投资主管部门根据可行性研究报告,进行立项审批,列入固定资产投资计划。

4. 规划审批

涉及城区规划的建设项目,如管道工程,进行规划审批。

5. 勘察设计

固定资产投资计划经批准后,建设单位应委托具有相应资质证书的设计单位编制设计文件。设计是从技术上和经济上对拟建的工程进行全面规划,是组织工程施工的主要依据。在基本建设程序中,工程设计是工程实施全过程的决定性环节。设计单位必须按照工程强制性标准及设计规范进行设计。

工程设计一般分为初步设计和施工图设计两个阶段。重大项目和特殊项目等技术复杂的工程,根据主管部门的要求,增加技术设计阶段。设计各阶段是逐步深入和循序渐进的过程,其划分为:

（1）初步设计

根据批准的可行性研究报告和有关的设计标准、规范，并通过现场的勘察调查工作取得可靠的基础资料和业务预测数据后进行。

初步设计的主要内容包括：确定建设方案，制定技术指标，对主要设备和材料进行选型比较和提出主要设备、材料的清单，编制本期工程投资概算。对改建、扩建工程还应提出原有设施的利用。

初步设计侧重于项目的总体规模和投资额及经济分析，以及对总体规模和投资额有重大影响的技术方案（如本地网设计中的局所房屋、交换设备、网络组织，以及市政建设等方面的配合）的选择。

初步设计的目的是根据已批准的可行性研究报告以及设计任务书或审批后的方案报告，通过进一步深入的现场查勘、勘测和调查，确定工程初步建设方案；并对方案的政治原则性和经济指标进行论证，编制工程概算，提出该工程所需投资额，为组织工程所需的设备生产、器材供应，工程建设进度计划提供依据，以及对新设备、新技术的采用提出方案。

初步设计通过设计会审，经批准之后是作为设备订货的主要依据和施工图设计的最主要依据。

（2）技术设计

技术设计是根据初步设计和更详细的调查研究资料编制的。它可具体地确定初步设计中所采用的工程技术指标。校正设备的选择和数量，以及建设规模和技术经济指标，并编制工程修正概算。

（3）施工图设计

根据批准的初步设计文件或技术文件进行编制。施工图设计应全面贯彻初步设计的各项重大决策，其内容的详尽程度应能满足指导施工需要。施工图设计应编制施工图预算，施工图预算不得突破初步设计预算。

施工图设计是完成项目建设的主要依据，作为指导施工的主要依据。

施工图设计的目的是按照经过批准的初步设计进行定点定线测量，确定防护段落和各项技术措施具体化；是工程建设的施工依据。故设计图必须有详细的尺寸、具体的做法和要求。图上应注有准确的位置、地点，使施工人员按照施工图纸就可以施工。施工图设计文件可另行装订，一般可分为封面、目录、设计说明、设备与器材表、工程预算、图纸等内容。

施工图设计与初步设计在内容上是基本相同的，只是施工图设计是经过定点定线实地测量后而编制的，掌握和收集的资料更加详细和全面，所以要求设计文件及内容应更为精确。设计说明中除应将初步设计说明内容更进一步论述外，还应将通过实地测量后对各个单项工程的具体问题的"设计考虑"，详尽地加以说明，使施工人员能深入领会设计意图，做到按设计施工。与初步设计相比增加了实际的施工图纸，将概算改为施工图预算。施工图设计的设计说明、预算及图纸的编制方法与初步设计的设计说明、概算及图纸的编制方法基本相同。

比较简单的工程项目、技术上成熟的项目通常也采取一阶段设计，一阶段设计应包括施工图纸，同时编制施工图预算。

6. 设备材料采购

建设单位通过招标方式选择优质设备材料供应商，采购建设工程设备、材料。

7. 申报工程质监

按国务院 279 号令第 13 条和工信部 18 号令第 14 条要求，建设单位在工程开工前七天办理工程质量监督手续。

8. 施工

施工就是按照施工图的要求,把设备、材料安装调试完好的过程。施工阶段是建设工程实物质量形成阶段,设计工作的质量要在这一阶段得以实现。施工单位是建设市场的重要责任主体之一,它的能力和行为对建设工程的施工质量起关键作用。施工单位应具有相应的资质。

建设单位经过工程施工招标,选定工程建设的施工单位并与施工单位签订施工合同。之后,施工单位应根据建设项目的进度和技术要求编制施工组织计划,并做好开工前相应的准备工作。

工程的施工应按照施工图设计规定的工作内容、合同书要求和施工组织设计,由施工总承包单位组织与工程量相适应的一个或多个施工队伍和设备安装施工队伍进行施工。工程施工前应向建设单位的主管部门呈报施工开工报告或办理施工许可证,经批准后才能正式开工。

(1)施工是特殊的生产过程,是十分复杂的工作,建设单位应根据建设计划要求,保证计划、设计、施工三环节的互相衔接,做到投资、工程内容、施工图纸、准备材料、施工力量五个方面有效落实,使施工顺利进行。

(2)施工前,设计单位应就设计文件向施工单位做详细的说明(设计交底),施工单位应建立工程质量保证体系,编制切合实际的施工组织设计,施工过程严格按图施工,如有更改,必须按工程变更程序进行。

(3)施工单位必须建立、健全施工质量的检验制度,严格遵循合理的施工顺序,对于隐蔽工程在隐蔽前,应通知相关单位签证、验收合格后才能进行下一道工序施工。

9. 监理

监理单位应取得相应资质等级证书,工程监理是一种有偿技术服务,工程监理业务不得转让。工程监理的重点在施工阶段。工程监理的主要目的是协助建设单位在预定的投资、进度、质量目标内建成项目。它的主要内容是进行投资、进度、质量控制、合同管理、信息管理、履行安全生产管理监理职责和组织协调,即通常所说的监理单位的工作是"三控制""两管""一履行""一协调"。

10. 验收

凡固定资产投资建设项目,均应组织竣工验收。竣工验收是工程建设最后一个程序,是建设投资成果转入使用的标志,也是全面考核投资效益、检验工程设计和施工质量的重要环节,应树立"质量第一"的原则,认真搞好竣工验收。

(1)初步验收

工程项目的施工按批准的设计文件内容全部建成后,施工单位应根据相关工程验收规范编制好工程验收文件和初步验收申请报送建设单位主管部门。由建设单位的工程主管部门组织相关的投资管理单位、档案管理单位以及设计、施工、监理、维护管理等单位进行初步验收,并向上级有关部门呈报初验报告。初步验收后的通信工程一般由维护单位代为维护。

初步验收合格后的工程项目即可进行工程移交,开始试运行。

(2)工程试运行

试运行是指工程初验后到正式验收、移交之间的设备运行。一般试运行期为 3 个月,大型或引进的重点工程项目,试运行期可适当延长。试运行期间,由维护部门代为维护,但施工单位负有协助处理故障确保正常运行的职责,同时应将工程技术资料、借用的工具、器具以及工程余料等及时移交给维护部门。

试运行期间,按维护规程要求检查、证明系统已达到设计文件规定的生产能力和相关指标。试运行期满后应写出系统使用情况报告,提交给工程竣工验收会。

初步验收合格后,由建设单位组织试运行,在试运行期间,如发现质量问题,由相关单位负责免费返修。

(3)竣工验收

在试运行期内电路或业务开放,按有关规定进行管理,当试运行结束后并具备验收交付使用的条件后,由主管部门及时组织相关单位的工程技术人员对工程进行系统验收,即竣工验收。系统验收是对通信工程进行全面检查和指标抽测,验收合格后签发验收证书,表明工程建设告一段落,正式投产交付使用。

对于中、小型工程项目或者扩容工程,可以视情况适当简化手续,可以将工程初步验收与竣工验收合并进行。

主管部门或建设单位在确认工程具备竣工验收条件后,组织竣工验收。通信工程一般由主管部门、质量监督、建设、设计、施工、监理、维护、档案等单位组成验收委员会或验收小组,负责审查竣工报告和初步结算以及工程档案,讨论通过验收结论。工程质量监督机构应对竣工验收程序等实施监督。

11. 竣工备案

按国务院〔279〕号令第 49 条和工信部 47 号令第 21 条要求,建设单位应在工程竣工验收合格后 15 日内向通信主管部门备案。

12. 投产使用

工程建设项目经过最终验收后,将转为固定资产管理,同时由试运行维护转入正常的维护管理,投入正常运营,发挥其运营效益。

第 ③ 章 通信工程设计的要求

通信工程建设是通信运营企业的固定资产投资项目,不管哪一家通信运营企业对固定资产投资项目的建设都将严格控制及管理,都必须遵守通信工程建设程序,并对工程设计有严格要求,以达到通信工程设计"技术先进、经济合理、安全可靠"目的的。

通信固定资产投资建设工程的设计工作,是通信建设的重要环节。通信工程设计就是指根据通信建设工程要求,对通信建设工程所需的技术、经济、资源、环境、安全等条件进行综合分析、论证,编制通信建设工程设计文件的活动。通信建设工程设计应当与社会、经济发展水平相适应,做到经济效益、社会效益和环境效益相统一。

通信工程设计的作用是为建设方把好投资经济关、网络技术关、工程质量关、工程进度关、维护支撑关和安全关。

为了保证设计文件的质量,使设计能适应工程建设的需要,达到迅速、准确、安全、方便的目的,通信工程对设计要求如下:

(1)设计工作必须全面执行国家、行业的相关政策、法律、法规以及企业的相关规定。设计文件应体现技术先进,经济合理,安全适用,并能满足施工、生产和使用的要求。

(2)工程设计要处理好局部与整体,近期与远期,新技术与挖潜、改造等关系,明确本期配套工程与其他工程的关系。

(3)设计企业应对设计文件的科学性、客观性、可靠性、公正性负责。建设方工程建设主管部门应组织有关单位对设计文件进行审议,并对审议的结论负责。

(4)设计工作要加强技术经济分析,进行多方案的比选,以保证建设项目的经济效益。

(5)设计工作必须执行技术进步的方针,广泛采用适合我国国情的国内外成熟的先进技术。

(6)要积极推行设计标准化、系列化和通用化。

3.1 标准规范的要求

标准是"以科学、技术和实践经验的综合成果为基础"的统一规定,是大家"共同遵守的准则和依据"。标准也是衡量事物的准则。

《中华人民共和国标准化法》(1988 年 12 月 29 日第七届全国人民代表大会常务委员会第五次会议通过,2017 年 11 月 4 日第十二届全国人民代表大会常务委员会第三十次会议修订,本法自 2018 年 1 月 1 日起施行)。"第二条　本法所称标准(含标准样品),是指农业、工业、服务业以及社会事业等领域需要统一的技术要求。标准包括国家标准、行业标准、地方标准和团体标准、企业标准。国家标准和行业标准分为强制性标准、推荐性标准,地方标准是推荐性标准。"

规范是对于某一工程作业或者行为进行定性的信息规定。因为无法精准定量形成标准，所以被称为规范。规范是指群体所确立的行为标准。它们可以由组织正式规定，也可以是非正式形成。

1. 标准规范的分类

标准有多种分类方式，按标准适用的区域划分，可分为：

（1）国际标准：主要指国际标准化组织制定的供全球使用的标准。

（2）区域性标准：某一地区内经协商制定和通行的标准。如欧盟制定的标准。

（3）国家标准：由国家的标准化委员会承认，由有关部门制定、批准发布，在全国范围内使用。

（4）行业标准：由部委专业标准化委员会正式行文发布，并报国家主管部门备案。

（5）地方标准：由省、自治区或直辖市的标准化主管机构所指定，适用于本地范围和企业。

（6）企业标准：由企业制定并在主管部门备案的标准。一种是内部标准，用于企业的内部管理；另一种是企业按国家相关标准要求针对自己的产品制定的标准。

（7）团体标准：学会、协会、商会、联合会、产业技术联盟等社会团体协调相关市场主体共同制定满足市场和创新需要的团体标准，由本团体成员约定采用或者按照本团体的规定供社会自愿采用。

按是否强制要求执行划分，标准可分为强制性标准和推荐性标准两类。强制性标准必须坚决执行，不符合标准的产品禁止生产、销售和进口。对于推荐性标准，国家鼓励企业自愿采用，一旦采用则应坚决执行。

2. 标准规范编号规则

（1）国家标准编号

国家标准的编号由国家标准的代号、国家标准发布的顺序号和国家标准发布的年号构成，如"GB/×××—××××"。

①GB 是强制性的国家标准。如：

GB 51199—2016《通信电源设备安装工程验收规范》。

GB 51194—2016《通信电源设备安装工程设计规范》。

GB 51171—2016《通信线路工程验收规范》。

GB 51158—2015《通信线路工程设计规范》。

GB 50374—2006《通信管道工程施工及验收规范》。

GB 50373—2006《通信管道与通道工程设计规范》。

②GB/T 是推荐性国家标准。如：

GB/T 50319—2013《建设工程监理规范》。

GB/T 51242—2017《同步数字体系（SDH）光纤传输系统工程设计规范》。

（2）行业标准编号

通信行业标准的编号由行业标准代号、标准顺序号及年号组成：YD/×××—××××。

YD：强制性标准。

YD/T：推荐性标准。

YD/C：参考性标准。

YD/B：技术报告。

YD/N：通信技术规定。

如：YD 5174—2015《数字蜂窝移动通信网 TD-CDMA 工程验收规范》。

　　YD/T 5217—2015《数字蜂窝移动通信网 TD-LTE 无线网工程验收暂行规定》。

（3）地方标准编号

地方标准编号：由地方标准代号、地方标准发布顺序号和年号三部分组成。

（4）企业标准编号

企业标准编号：由公司代号、分类号、顺序号和年号组成。

2. 专业设计规范

移动通信网设计规范包括但不限于：

（1）中华人民共和国通信行业标准（YD 5059—2005）《电信设备安装抗震设计规范》。

（2）中华人民共和国通信行业标准（YD 5054—2010）《通信建筑抗震设防分类标准》。

（3）中华人民共和国通信行业标准（YD/T 5110—2015）《数字蜂窝移动通信网 CDMA2000 工程设计规范》。

（4）中华人民共和国通信行业标准（YD/T 5111—2015）《数字蜂窝移动通信网 WCDMA 工程设计规范》。

（5）中华人民共和国通信行业标准（YD/T 5230—2016）《边远地区 900/1800MHz TDMA 数字蜂窝移动通信工程无线网络设计暂行规定》。

（6）中华人民共和国通信行业标准（YD/T 5230—2016）《移动通信基站工程技术规范》。

通信线路工程相关设计规范包括但不限于：

（1）中华人民共和国通信国家标准（GB 51158—2015）《通信线路工程设计规范》。

（2）中华人民共和国通信国家标准（GB 51171—2016）《通信线路工程验收规范》。

（3）中华人民共和国通信国家标准（GB 50373—2006）《通信管道与通道工程设计规范》。

（4）中华人民共和国通信国家标准（GB 50374—2006）《通信管道工程施工及验收技术规范》。

（5）中华人民共和国通信行业标准（YD/T 5066—2017）《光缆线路自动监测系统工程设计规范》。

（6）中华人民共和国通信行业标准（YD/T 5093—2017）《光缆线路自动监测系统工程验收规范》。

（7）中华人民共和国通信行业标准（YD/T 5148—2007）《架空光（电）缆通信杆路工程设计规范》。

（8）中华人民共和国通信行业标准（YD/T 5151—2007）《光缆进线室设计规范》。

（9）中华人民共和国通信行业标准（YD/T 5152—2007）《光缆进线室验收规范》。

3.2　建设相关单位对设计的要求

　　对通信建设工程设计，站在不同建设方的角度会有不同的要求，甚至在某些方面可能会出现相反意见，这就需要设计人员多方比较分析，权衡处理。作为设计人员必须了解各方基本的合理要求，下面简单介绍各方最基本的合理要求。

1. 建设主管单位的要求

总的要求:设计要做到经济合理、技术先进、全程联网、安全适用,质量符合设计规范的规定。

对设计文本要求:勘察认真、细致,设计全面、详细;要有多个方案的比选;要处理好局部与整体、近期与远期、采用新技术与挖潜利用这几对关系。

对承担设计的人员要求:理解建设单位的意图;熟悉工程建设规范、标准;熟悉设备性能、组网、配置要求;了解设计合同的要求;掌握相关专业工程现状。

2. 施工单位对设计的要求

总的要求:能准确无误地指导施工。

对设计文本要求:设计的各种方法、方式在施工中具有可实施性;图纸设计尺寸规范、准确无误;明确原有、本期、今后扩容各阶段工程的关系;预算的器材、主要材料不缺不漏;定额计算准确。

对承担设计的人员要求:熟悉工程设计规范、标准;掌握相关专业工程现状;认真勘察;掌握一定的工程经验。

3. 监理公司对设计要求

总的要求:指导监理,有工程风险提示及防范内容,工程无变更。

对设计文本要求:工程图纸齐全,定额套用准确,预算表一至表五计算符合要求,设计达到技术先进、经济合理、安全可靠。

对承担设计的人员要求:熟悉工程设计规范、标准;掌握相关专业工程现状。

4. 维护单位对设计的要求

总的要求:安全;维护便利(机房安排合理、布线合理、维护仪表、工具配备合理);有效(自动化、无人值守)。

对设计文本的要求:要征求维护单位的意见;处理好相关专业及原有、本期、扩容工程之间的关系。

对承担设计的人员要求:熟悉各类工程对机房的工艺要求,了解相关配套专业的需求。

第 **4** 章　通信工程设计流程

通信工程的设计过程是一种特殊产品(文本)的生产过程,有和普通产品的生产过程的共性,例如:产品(设计文本)的输入、产品生产(设计)过程的控制和产品的输出等。对设计过程的控制一般都是采用勘察、设计、核对、审核和批准等几道控制程序,但具体各个环节的控制和管理,不同的设计单位将结合具体情况会有所不同。通信工程设计的通用流程如图1-4-1所示,下面将对几个主要流程做简单的描述。

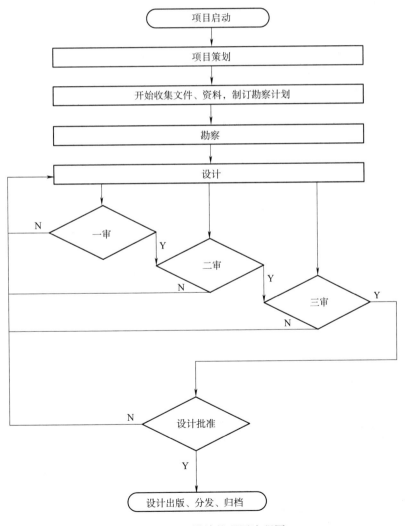

图1-4-1　设计的通用流程图

4.1　项 目 策 划

当设计院接到设计合同/设计委托书后,就要启动通信工程设计项目了,即进行通信工程设计项目的策划工作。

设计合同/设计委托书是确定建设方案和建设规模的基本文件,是编制设计文件的主要依据。设计合同/设计委托书应根据可行性研究推荐的最佳方案编写,然后根据项目的规模送相关审批部门批准后方可生效。

项目策划其目的是为保证设计成果的质量,让设计项目负责人站在更高的角度做好事前指导,策划内容主要包括人力资源配置、进度计划、质量控制要点、政策法规以及强制性规范注意要点等。

4.2　收集文件、资料、制订勘察计划

收集以下所述相关的输入资料及数据,以及历史资料、最新的技术资料,并制订勘察方案和勘察计划等,设计相关的文件、资料主要应包括以下内容:

(1)合同、任务书、委托书,包括合同洽谈记录等。

(2)引用设计规范、技术标准。

(3)采用设计文件内容格式。

(4)外部资料、勘察报告,包括调研资料、设备合同、系统开发合同等。

4.3　勘　　　察

勘察是设计工作的一个十分重要的环节,现场查勘所获取的数据是否全面、详细和准确,对设计的方案选择、设计的深度、设计的质量起着至关重要的作用。因此,要求尽可能采用必要的工具、仪表,深入工程安装现场做细致的调查和测试、测量,准确记录数据。

4.4　设　　　计

工程设计一般按两阶段进行,即初步设计及施工图设计。有些技术复杂的工程可增加技术设计阶段。对以规模较小、技术成熟,或套用标准设计的工程,可按一阶段设计。不同阶段的设计其设计内容的深度要求是不一样的,下面主要介绍初步设计和施工图设计的设计内容深度要求以及设计依据。

1. 初步设计的内容深度要求

初步设计在可行性研究报告批复和初步设计委托书(或设计合同)的基础上,详尽地收集各方面基础资料,进行项目技术上的总体设计。确定明确的方案以指导设备订货。对主要材料和设备进行询价,编制工程概算,进行施工准备,确定建设项目的总投资额。初步设计的内容和要求主要包括:

（1）设计说明

包括网络现状及分析、建设原则、工程方案、系统配置、网络结构、节点设置、设备选型及配置、接口参数、保护方式、网管、设备安装和布置方式、电源系统、告警信号方式、布线电缆的选用及其他需要说明的问题。

（2）概算

概算包括编制说明、依据、各项费率的取定方法等，以及完整的概算表。

（3）图纸

如设备工程设计图纸包括系统配置图、网络结构图、网管系统图、机房设备平面布置图、机房电源图、告警系统布缆计划及设备公用图等。

每个建设项目应编制总体设计部分的总体设计文件（即综合册），其内容应包括设计总说明及附录，各项设计总图、总概算编制说明及概算表。总说明的概述主要应描述的内容有：

①应扼要说明设计依据（如可行性研究报告/方案设计或设计合同/委托书/任务书等主要内容）及结论意见。

②叙述本工程设计文件应包括的各单项工程编册及其设计范围分工。

③建设地点现有通信情况及需求。

④设计利用原有设备及局所房屋的意见。

⑤本工程需要配合及注意解决的问题（如地震设防、人防、环保等要求，后期发展与影响经济效益的主要因素，本工程的网点布局、网络组织，主要的通信组织等）。

⑥表列本期各单项工程规模及可提供的新增生产能力并附工程量表、增员人数表、工程总投资及新增固定资产值、新增单位生产能力、综合造价、性能指标及分析、本期工程的建设工期安排意见。

⑦其他必要说明的问题等。

可行性研究、方案设计及初步设计一般应做详细的方案比选。方案比选可以从不同的路由、不同的组网方式、不同的保护措施、不同的设备配置等形式组成不同的方案，从技术性、经济性、可靠性、实用性等方面进行比较。

2. 施工图设计的内容深度要求

施工图设计根据初步设计的批复，经过工程现场查勘，进一步细化对设备安装方面的图纸，同时依据主要通信设备订货合同进行说明和预算编制。施工图设计文件是控制安装工程造价的重要文件，施工图预算是估算工程价款、与发包单位结算及考核工程成本的依据。

施工图设计基本内容与初步设计一致，深度达到指导施工的目的，是初步设计的完善和补充，内容同样由说明、预算、图纸等三大部分组成。施工图设计应全面贯彻初步设计的各项重大决策，应核实与初步设计的不同之处并进行调整，针对网络方案变更予以说明，施工图预算原则上不能突破初步设计概算。

在施工图设计过程中，设计人员在对现场进行详细勘察的基础上，对初步设计进行必要的修正和细化，绘制施工详图，标明通信线路和通信设备的结构尺寸、安装设备的配置关系及布线，明确施工工艺要求，根据实际签订的主要设备订货合同编制施工图预算，以必要的文字说明表达意图，其内容的详尽程度应能满足指导施工的需要。

各单项工程施工图设计说明应简要提到批准的本单项工程部分初步设计方案的主要内容并对修改部分进行论述，注明有关批准文件的日期、文号及文件标题，提出详细的工程量表。

施工图设计可以不编总体部分的综合册文件。

通信线路单项工程施工图设计的主要内容示例如下：

①批准的初步设计的线路路由总图。

②通信光缆线路敷设定位方案（包括无人值守中继站、光放站）的说明，并附在测绘地形图上绘制线路位置图，标明施工要求如埋深、保护段落及措施、必须注意施工安全的地段及措施等；无人值守中继站、光放站内设备安装及地面建筑的安装建筑施工图。

③线路穿越各种障碍的施工要求及具体措施。对比较复杂的障碍点应单独绘制施工图。

④通信管道、人孔、手孔、光/电缆引上管等的具体定位位置及建筑型式，人/手孔内有关设备的安装施工图及施工要求；管道、人孔、手孔结构及建筑施工采用的定型图纸，非定型设计应附结构及建筑施工图；对于有其他地下管线或障碍物的地段，应绘制剖面设计图，标明其交点位置、埋深及管线外径等。

⑤线路的维护区段的划分、机房设置地点及施工图（机房建筑施工图另由建筑设计单位编发）。

⑥枢纽楼或综合大楼光缆进线室终端的铁架安装图、进局光缆终端施工图。

设计文本的编写必须非常认真、严谨，应尽可能做到用语得当，文字流畅，特别注意计量单位的正确书写。根据以往的设计审核过程中的发现，有一些法定计量单位的书写比较容易出错。

3. 设计依据

初步设计应根据批准的可行性研究报告/方案设计或设计合同/委托书/任务书、有关的设计标准、规范，以及通过现场勘察所得到的可靠的设计基础资料进行编制。

施工图设计应根据批准的初步设计编制。施工图设计不得随意改变已批准的初步设计的方案及规定，如因条件变化必须改变，重大问题应由建设单位征得初步设计编制单位的意见，并报原审批单位批准后方可改变，在未得到批准之前，应按原批准的文件办理。

除上述依据和有关工程设计的会审纪要和批复的文件、有关本工程重大原则问题的会议纪要、设计人员赴现场查勘收集掌握的和厂家提供的资料之外，应注意准确地引用有效的技术体制、设计规范、施工验收规范、概预算编制办法及定额等的标准号及名称。

由于标准不断地发展和更新，应当注意及时更新规范/标准，确保设计输入标准的有效性和先进性。同时应注意施工图设计时对工程验收规范的应用，因为，有些技术参数可能在验收规范中有具体的上限或下限要求，但在设计规范中，为便于设计人员根据实际情况灵活应用，可能只提及原则，因此，该参数的上限或下限只能在验收规范中才能找到。另外，在验收规范中，有许多条文是这样写的："××××应符合设计的要求或规定。"这就说明设计文本中必须明确提出要求或规定，所以工程验收规范也是施工图设计的输入依据之一。

4.5 设计校审

设计校审是设计过程必不可少的一个重要环节，是保证设计产品质量非常重要的手段之一。不同的设计单位将根据自己的实际情况和特点，设计校审的做法会有所不同。例如：有的单位结合二级机构设置情况和二级机构控制能力的实际情况，对规划、新技术、新业务的项目以及对项目的可行性研究和初步设计均采用三级校审程序，对常规项目的施工图设计一般采用二级校审控制程序。

1. 一审

一审是设计校审的第一关,对设计的质量至关重要,许多具体的、细节的问题,往往一审人员比较清楚。因此,最好由一起参加勘察的一审人员审核,一级校审人员审核设计要点及要求如下:

(1)校审设计内容格式(包括封面、分发表)是否符合规定要求。

(2)设计是否符合任务书、委托书及有关协议文件设计规模的要求;设计深度是否符合要求。

(3)设计的依据,引用的标准、规程、规范和设计内容的论述是否正确、清晰明了;可行性研究、初步设计是否有多方案比较,设计方案、技术经济分析和论证是否合理,其具体要求如下:

● 所采用的基础数据、计算公式是否正确,计算结果有无错误。

● 各单项或单位工程之间技术接口有无错漏。

● 设计的图纸和采用的通用图纸是否符合规定要求,图纸中的尺寸、材料规格、数量等是否正确无遗漏。

● 设备、工具、器具和材料型号规格的选择是否切合实际;概算、预算的各种单价、合计、施工定额和各种费率是否正确无错漏。

按以上各要点对设计文件进行认真校审后。对设计质量做出准确评价;如果设计内容有质量问题,要在质量评审流程上做好详细的质量要点记录。必要时,对关键要点进行跟踪、指导。

校审人员必须做好质量记录和各项标识、签字后才能移交下一级校审。

2. 二审

一审后一般由部门级组织二级审核,二级校审人员审核设计要点及要求如下:

(1)设计方案、引用的标准、规范和技术措施是否正确,是否经济合理、切实可行。设计深度是否达到规定要求。

(2)设备、工器具和主要材料的型号、规格的选用是否正确合理。

(3)设计计算、各种图纸等有无差错。

(4)与其他专业或单项工程之间的衔接、配合是否完整无缺。

(5)概算、预算费率和各种费用合计及总表是否准确。

(6)各道工序质量控制的质量记录是否完备。

(7)检查设计人员对审核人员指出的问题是否进行修改,并对有争议的问题做出判断。对审核人员提出问题、设计人员没有认真进行修改,或者上一级校审不认真,质量记录和标识不完善的,有权拒接校审。

按以上各要点对设计文件进行认真校审后。对设计质量做出准确评价;如果设计内容有质量问题,要在工程设计质量评审流程上做好详细的质量要点记录。必要时,对关键要点进行跟踪、指导。

3. 三审

三审最主要的是对一些原则性的、政策性的问题把关和控制,一般由公司或院级组织审核,公司或院级审定人员审核设计要点及要求如下:

（1）总体设计方案是否正确合理，设计深度是否符合标准、规范要求；所引用的技术标准、规程、规范是否正确有效。

（2）设备、器材型号、规格的选用是否得当，项目中采用新技术是否可行。

（3）技术、经济指标及论证是否合理。

（4）专业之间技术接口的衔接、配合是否完整合理。

（5）各种图纸是否符合规范要求。

（6）对设计概、预算是否正确，原审定人员不可能做详细核算，一般将根据工程规模和综合造价进行简单校验，如果综合造价相差甚大，应进一步深入细查。

（7）检查设计人员对上一级审核人员指出的问题是否进行修改，并对有争议的问题做出判断。对审核人员提出问题、设计人员没有认真进行修改，或者上一级校审不认真，质量记录和标识不完善，有权拒接校审。

按以上各要点对设计文件进行认真校审后。对设计质量做出准确评价；如果设计内容有质量问题，要在评审后上做好详细的质量要点记录。必要时，对关键要点进行跟踪、指导。

4.6 设计出版、分发及存档

设计文本经过各级审核、批准后，按合同或相关规定的要求出版相应数量的设计文本，并按时递送到相关单位或部门，设计单位同时做好设计文本的归档工作。

第 **5** 章　信息通信建设工程定额

信息通信建设工程定额是指在工程建设中,单位合格产品所需人工、材料、机械、资金消耗的规定额度。它反映了施工企业在一定时期内的生产技术和管理水平。

信息通信建设工程定额按内容可分为人工消耗定额,材料消耗定额,机械、仪表消耗定额,以及工程各项费用取费标准的定额。其作用为:

(1)通信工程造价标准

信息通信建设工程定额是通信建设工程编制投资估算、设计概(预)算、招标控制价的重要依据和标准。

(2)定额权威性

《通信建设工程定额》由工业和信息化部《关于印发信息通信建设工程预算定额、工程费用定额及工程概预算编制规程的通知》(工信部通信〔2016〕451 号)发布。

《信息通信建设工程概预算编制规程》(工信部通信〔2016〕451 号)规定:"1.0.2 信息通信建设工程概算、预算应包括从筹建到竣工验收所需的全部费用,其具体内容、计算方法、计算规则应依据现行信息通信建设工程定额及其他有关计价依据进行编制。"

《通信建设工程定额编制管理办法》(工信部通信〔2014〕457 号)第三条:通信定额是编制通信建设项目投资估算、设计概算、施工图预算、工程量清单、工程决算等工程造价文件的重要依据。

5.1　信息通信建设定额发展过程

1."433 定额"

1990 年,邮电部〔1990〕433 号颁布《通信建设工程概算预算编制办法及费用定额》和《通信工程价款结算办法》。业界俗称"433 定额"。

2."626 定额"

1995 年,邮电部〔1995〕626 号颁布《通信建设工程概算、预算编制办法及费用定额》《通信建设工程价款结算办法》《通信建设工程预算定额》(共三册)。业界俗称"626 定额"。

3."75 定额"

2008 年,工信部规〔2008〕75 号颁布《通信建设工程概算、预算编制办法》《通信建设工程价款结算办法》《通信建设工程费用定额》《通信建设工程施工机械、仪表台班费用定额》《通信建设工程预算定额》(共五册)。业界俗称"75 定额"。

4."451 定额"

2016 年,工信部通信〔2016〕451 号颁布《信息通信建设工程概预算编制规程》《信息通信建设工程费用定额》《信息通信建设工程预算定额》。业界俗称"451定额"。

5.2 信息通信建设工程费用定额

根据工信部通信〔2016〕451号文件，"451定额"自2017年5月1日起施行，现就"451定额"中"费用定额""编制规程""预算定额"分别进行概述。

5.2.1 信息通信建设工程费用构成

1. 总费用

信息通信建设工程项目总费用由各单项工程项目总费用构成；各单项工程总费用由工程费、工程建设其他费、预备费、建设期利息四部分构成。具体项目构成如图1-5-1所示。

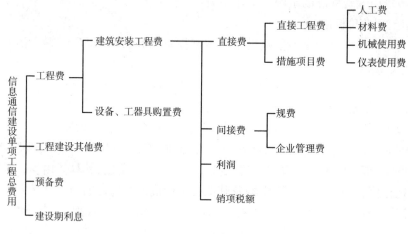

图1-5-1 项目构成图

2. 直接费

直接费由直接工程费、措施项目费构成，各项费用均为不包括增值税可抵扣进项税额的税前造价。具体内容如下：

1）直接工程费

直接工程费指施工过程中耗用的构成工程实体和有助于工程实体形成的各项费用，包括人工费、材料费、机械使用费、仪表使用费。

（1）人工费：直接从事建筑安装工程施工的生产人员开支的各项费用。内容如下：

①基本工资：发放给生产人员的岗位工资和技能工资。

②工资性补贴：规定标准的物价补贴，煤、燃气补贴，交通费补贴，住房补贴，流动施工津贴等。

③辅助工资：生产人员年平均有效施工天数以外非作业天数的工资。包括职工学习、培训期间的工资，调动工作、探亲、休假期间的工资，因气候影响的停工工资，女工哺乳期间的工资，病假在六个月以内的工资及产、婚、丧假期的工资。

④职工福利费：按规定标准计提的职工福利费。

⑤劳动保护费：规定标准的劳动保护用品的购置费及修理费，学徒工服装补贴，防暑降温

等保健费用。

（2）材料费

指施工过程中实体消耗的原材料、辅助材料、构配件、零件、半成品的费用和周转使用材料的摊销，以及采购材料所发生的费用总和。内容如下：

①材料原价：供应价或供货地点价。

②材料运杂费：材料（或器材）自来源地运至工地仓库（或指定堆放地点）所发生的费用。

③运输保险费：材料（或器材）自来源地运至工地仓库（或指定堆放地点）所发生的保险费用。

④采购及保管费：组织材料（或器材）采购及材料保管过程中所需要的各项费用。

⑤采购代理服务费：委托中介采购代理服务的费用。

⑥辅助材料费：对施工生产起辅助作用的材料费用。

（3）机械使用费：施工机械作业所发生的机械使用费及机械安拆费。内容如下：

①折旧费：施工机械在规定的使用年限内，陆续收回其原值及购置资金的时间价值。

②大修理费：施工机械按规定的大修理间隔台班进行必要的大修理，以恢复其正常功能所需的费用。

③经常修理费：施工机械除大修理以外的各级保养和临时故障排除所需的费用。包括为保障机械正常运转所需替换设备与随机配备工具和附具的摊销、维护费用，机械运转中日常保养所需润滑与擦拭的材料费用及机械停滞期间的维护和保养费用等。

④安拆费：施工机械在现场进行安装与拆卸所需的人工、材料、机械和试运转费用，以及机械辅助设施的折旧、搭设、拆除等费用。

⑤人工费：机上操作人员和其他操作人员在工作台班定额内的人工费。

⑥燃料动力费：施工机械在运转作业中所消耗的固体燃料（煤、木柴）、液体燃料（汽油、柴油）及水、电等。

⑦ 税费：施工机械按照国家规定应缴纳的车船使用税、保险费及年检费等。

（4）仪表使用费：施工作业所发生的属于固定资产的仪表使用费。内容如下：

①折旧费：施工仪表在规定的年限内，陆续收回其原值及购置资金的时间价值。

②经常修理费：施工仪表的各级保养和临时故障排除所需的费用。包括为保证仪表正常使用所需备件（备品）的摊销和维护费用。

③年检费：施工仪表在使用寿命期间定期标定与年检费用。

④人工费：施工仪表操作人员在工作台班定额内的人工费。

2）措施项目费

措施项目费指为完成工程项目施工，发生于该工程前和施工过程中非工程实体项目的费用。内容如下：

（1）文明施工费：施工现场为达到环保要求及文明施工所需要的各项费用。

（2）工地器材搬运费：由工地仓库至施工现场转运器材而发生的费用。

（3）工程干扰费：通信工程由于受市政管理、交通管制、人流密集、输配电设施等影响工效的补偿费用。

（4）工程点交、场地清理费：按规定编制竣工图及资料、工程点交、施工场地清理等发生的费用。

（5）临时设施费：施工企业为进行工程施工所必须设置的生活和生产用的临时建筑物、构筑物和其他临时设施费用等。临时设施费用包括临时设施的租用或搭设、维修、拆除费或摊销费。

（6）工程车辆使用费：工程施工中接送施工人员、生活用车等（含过路、过桥）费用。

（7）夜间施工增加费：因夜间施工所发生的夜间补助费、夜间施工降效、夜间施工照明设备摊销及照明用电等费用。

（8）冬雨季施工增加费：在冬雨季施工时所采取的防冻、保温、防雨、防滑等安全措施及工效降低所增加的费用。

（9）生产工具用具使用费：施工所需的不属于固定资产的工具用具等的购置、摊销、维修费。

（10）施工用水电蒸汽费：施工生产过程中使用水、电、蒸汽所发生的费用。

（11）特殊地区施工增加费：在原始森林地区、2 000 m以上高原地区、沙漠地区、山区无人值守站、化工区、核工业区等特殊地区施工所需增加的费用。

（12）已完工程及设备保护费：竣工验收前，对已完工程及设备进行保护所需的费用。

（13）运土费：工程施工中，需从远离施工地点取土或向外倒运土方所发生的费用。

（14）施工队伍调遣费：因建设工程的需要，应支付施工队伍的调遣费用。内容包括调遣人员的差旅费、调遣期间的工资、施工工具与用具等的运费。

（15）大型施工机械调遣费：大型施工机械调遣所发生的运输费用。

3. 间接费

间接费由规费、企业管理费构成，各项费用均为不包括增值税可抵扣进项税额的税前造价。

1）规费

政府和有关部门规定必须缴纳的费用简称规费。其包括：

（1）工程排污费：施工现场按规定缴纳的工程排污费。

（2）社会保险费：

①养老保险费：企业按规定标准为职工缴纳的基本养老保险费。

②失业保险费：企业按照规定标准为职工缴纳的失业保险费。

③医疗保险费：企业按照规定标准为职工缴纳的基本医疗保险费。

④生育保险费：企业按照规定标准为职工缴纳的生育保险费。

⑤工伤保险费：企业按照规定标准为职工缴纳的工伤保险费。

（3）住房公积金：企业按照规定标准为职工缴纳的住房公积金。

（4）危险作业意外伤害保险：企业为从事危险作业的建筑安装施工人员支付的意外伤害保险费。

2）企业管理费

企业管理费指施工企业组织施工生产和经营管理所需费用。内容如下：

（1）管理人员工资：管理人员的基本工资、工资性补贴、职工福利费、劳动保护费等。

（2）办公费：企业管理办公用的文具、纸张、账表、印刷、邮电、书报、办公软件、现场监控、会议、水电、烧水和集体取暖降温（包括现场临时宿舍取暖降温）等费用。

（3）差旅交通费：职工因公出差、调动工作的差旅费、住勤补助费，市内交通费和误餐补助费，职工探亲路费，劳动力招募费，职工离退休、退职一次性路费，工伤人员就医路费，工地转移费以及管理部门使用的交通工具的油料、燃料等费用。

（4）固定资产使用费：管理和试验部门及附属生产单位使用的属于固定资产的房屋、设备、仪器等的折旧、大修、维修或租赁费。

（5）工具用具使用费：管理使用的不属于固定资产的生产工具、器具、家具、交通工具和检验、测绘、消防用具等的购置、维修和摊销费。

（6）劳动保险费：由企业支付离退休职工的异地安家补助费、职工退职金、六个月以上的病假人员工资、按规定支付给离退休干部的各项经费。

（7）工会经费：企业按职工工资总额计提的工会经费。

（8）职工教育经费：按职工工资总额的规定比例计提，企业为职工进行专业技术和职业技能培训，专业技术人员继续教育、职工职业技能鉴定、职业资格认定以及根据需要对职工进行各类文化教育所发生的费用。

（9）财产保险费：施工管理用财产、车辆保险等的费用。

（10）财务费：企业为施工生产筹集资金或提供预付款担保、履约担保、职工工资支付担保等所发生的各种费用。

（11）税金：企业按规定缴纳的城市维护建设税、教育费附加税、地方教育费附加税、房产税、车船使用税、土地使用税、印花税等。

（12）其他：包括技术转让费、技术开发费、投标费、业务招待费、绿化费、广告费、公证费、法律顾问费、审计费、咨询费等。

4. 利润

利润指施工企业完成所承包工程获得的盈利。

5. 销项税额

销项税额指按国家税法规定应计入建筑安装工程造价的增值税销项税额。

6. 设备、工具、器具购置费

设备、工具、器具购置费指根据设计提出的设备（包括必需的备品备件）、仪表、工器具清单，按设备原价、运杂费、采购及保管费、运输保险费和采购代理服务费计算的费用。

7. 工程建设其他费

工程建设其他费指应在建设项目的建设投资中开支的固定资产其他费用、无形资产费用和其他资产费用。

1）建设用地及综合赔补费

指按照《中华人民共和国土地管理法》等规定，建设项目征用土地或租用土地应支付的费用内容如下：

（1）土地征用及迁移补偿费：经营性建设项目通过出让方式购置的土地使用权（或建设项目通过划拨方式取得无限期的土地使用权）而支付的土地补偿费、安置补偿费、地上附着物和青苗补偿费、余物迁建补偿费、土地登记管理费等；行政事业单位的建设项目通过出让方式取得土地使用权而支付的出让金；建设单位在建设过程中发生的土地复垦费用和土地损失补偿费用；建设期间临时占地补偿费。

（2）征用耕地按规定一次性缴纳的耕地占用税；征用城镇土地在建设期间按规定每年缴纳的城镇土地使用税；征用城市郊区菜地按规定缴纳的新菜地开发建设基金。

（3）建设单位租用建设项目土地使用权而支付的租地费用。

（4）建设单位因建设项目期间租用建筑设施、场地费用；以及因项目施工造成所在地企事业单位或居民的生产、生活干扰而支付的补偿费用。

2）建设单位管理费

建设单位管理费指项目建设单位从项目筹建之日起至办理竣工财务决算之日止发生的管理性质的支出。包括:不在原单位发工资的工作人员工资及相关费用、办公费、办公场地租用费、差旅交通费、劳动保护费、工具用具使用费、固定资产使用费、招募生产工人费、技术图书资料费(含软件)、业务招待费、施工现场津贴、竣工验收费和其他管理性质开支。

实行代建制管理的项目,代建管理费按照不高于项目建设管理费标准核定。一般不得同时列支代建管理费和项目建设管理费,确需同时发生的,两项费用之和不得高于项目建设管理费限额。

3）可行性研究费

可行性研究费指在建设项目前期工作中,编制和评估项目建议书(或预可行性研究报告)、可行性研究报告所需的费用。

4）研究试验费

研究试验费指为本建设项目提供或验证设计数据、资料等进行必要的研究试验及按照设计规定在建设过程中必须进行试验、验证所需的费用。

5）勘察设计费

勘察设计费指委托勘察设计单位进行工程勘察、工程设计所发生的各项费用。

6）环境影响评价费

环境影响评价费指按照《中华人民共和国环境保护法》《中华人民共和国环境影响评价法》等规定,为全面、详细评价本建设项目对环境可能产生的污染或造成的重大影响所需的费用,包括编制环境影响报告书(含大纲)、环境影响报告表和评估环境影响报告书(含大纲)、评估环境影响报告表等所需的费用。

7）建设工程监理费

建设工程监理费指建设单位委托工程监理单位实施工程监理的费用。

8）安全生产费

安全生产费指施工企业按照国家有关规定和建筑施工安全标准,购置施工防护用具、落实安全施工措施以及改善安全生产条件所需要的各项费用。

9）引进技术及进口设备其他费

费用内容如下:

(1)引进项目图纸资料翻译复制费、备品备件测绘费。

(2)出国人员费用:包括买方人员出国设计联络、出国考察、联合设计、监造、培训等所发生的差旅费、生活费、制装费等。

(3)来华人员费用:包括卖方来华工程技术人员的现场办公费用、往返现场交通费用、工资、食宿费用、接待费用等。

(4)银行担保及承诺费:引进项目由国内外金融机构出面承担风险和责任担保所发生的费用,以及支付贷款机构的承诺费用。

10）工程保险费

工程保险费指建设项目在建设期间根据需要对建筑工程、安装工程及机器设备进行投保而发生的保险费用。包括建筑安装工程一切险、进口设备财产和人身意外伤害险等。

11）工程招标代理费

工程招标代理费指招标人委托代理机构编制招标文件、编制标底、审查投标人资格、组织投标人踏勘现场并答疑、组织开标、评标、定标，以及提供招标前期咨询、协调合同的签订等业务所收取的费用。

12）专利及专用技术使用费。

费用包括：

（1）国外设计及技术资料费、引进有效专利、专有技术使用费和技术保密费。

（2）国内有效专利、专有技术使用费用。

（3）商标使用费、特许经营权费等。

13）其他费用

根据建设任务的需要，必须在建设项目中列支的其他费用，如中介机构审查费等。

14）生产准备及开办费

生产准备及开办费指建设项目为保证正常生产（或营业、使用）而发生的人员培训费、提前进场费以及投产使用初期必备的生产生活用具、工器具等购置费用。包括：

（1）人员培训费及提前进场费：自行组织培训或委托其他单位培训的人员工资、工资性补贴、职工福利费、差旅交通费、劳动保护费、学习资料费等。

（2）为保证初期正常生产、生活（或营业、使用）所必需的生产办公、生活家具用具购置费。

（3）为保证初期正常生产（或营业、使用）必需的第一套不够固定资产标准的生产工具、器具、用具购置费（不包括备品备件费）。

8. 预备费

预备费是指在初步设计阶段编制概算时难以预料的工程费用。预备费包括基本预备费和价差预备费。

1）基本预备费

费用包括：

（1）进行技术设计、施工图设计和施工过程中，在批准的初步设计概算范围内所增加的工程费用。

（2）由一般自然灾害所造成的损失和预防自然灾害所采取的措施项目费用。

（3）竣工验收为鉴定工程质量，必须开挖和修复隐蔽工程的费用。

2）价差预备费

设备、材料的价差。

9. 建设期利息

建设期利息指建设项目贷款在建设期内发生并应计入固定资产的贷款利息等财务费用。

5.2.2　信息通信建设工程费用定额及计算规则

1. 直接费

1）直接工程费

（1）人工费

①信息通信建设工程不分专业和地区工资类别，综合取定人工费。人工费单价为：技工为

114 元/工日;普工为 61 元/工日。

② 人工费 = 技工费 + 普工费。

③ 技工费 = 技工单价 × 概算、预算的技工总工日。

普工费 = 普工单价 × 概算、预算的普工总工日。

（2）材料费

材料费 = 主要材料费 + 辅助材料费。

① 主要材料费 = 材料原价 + 运杂费 + 运输保险费 + 采购及保管费 + 采购代理服务费。
式中:

● 材料原价:供应价或供货地点价。

● 运杂费:编制概算时,除水泥及水泥制品的运输距离按 500 km 计算,其他类型的材料运输距离按 1 500 km 计算。运杂费的计算方法是:运杂费 = 材料原价 × 器材运杂费费率,其中,器件运杂费费率见表 1-5-1。

表 1-5-1　器材运杂费率表

费率/%　器材名称 运输距离/km	光　缆	电　缆	塑料及 塑料制品	木材及 木材制品	水泥及 水泥构件	其　他
$L \leqslant 100$	1.3	1.0	4.3	8.4	18.0	3.6
$100 < L \leqslant 200$	1.5	1.1	4.8	9.4	20.0	4.0
$200 < L \leqslant 300$	1.7	1.3	5.4	10.5	23.0	4.5
$300 < L \leqslant 400$	1.8	1.4	5.8	11.5	24.5	4.8
$400 < L \leqslant 500$	2.0	1.5	6.5	12.5	27.0	5.4
$500 < L \leqslant 750$	2.1	1.6	6.7	14.7		6.3
$750 < L \leqslant 1\,000$	2.2	1.7	6.9	16.8		7.2
$1\,000 < L \leqslant 1\,250$	2.3	1.8	7.2	18.9		8.1
$1\,250 < L \leqslant 1\,500$	2.4	1.9	7.5	21.0		9.0
$1\,500 < L \leqslant 1\,750$	2.6	2.0		22.4		9.6
$1\,750 < L \leqslant 2\,000$	2.8	2.3		23.8		10.2
$L > 2\,000$ km 时,每增 250 km 增加	0.3	0.2		1.5		0.6

■ 运输保险费:运输保险费 = 材料原价 × 保险费率 0.1%。

■ 采购及保管费:采购及保管费 = 材料原价 × 采购及保管费费率。具体费率标准见表 1-5-2。

表 1-5-2　采购及保管费率表

工 程 专 业	计 算 基 础	费率/%
通信设备安装工程		1.0
通信线路工程	材料原价	1.1
通信管道工程		3.0

■ 采购代理服务费按实计列。

② 辅助材料费 = 主要材料费 × 辅助材料费费率。具体费率标准见表 1-5-3。

表 1-5-3　辅助材料费费率表

工程专业	计算基础	费率/%
有线、无线通信设备安装工程	主要材料费	3.0
电源设备安装工程		5.0
通信线路工程		0.3
通信管道工程		0.5

凡由建设单位提供的利旧材料,其材料费不计入工程成本,但作为计算辅助材料费的基础。

(3)机械使用费。机械使用费=机械台班单价×概算、预算的机械台班量。

(4)仪表使用费。仪表使用费=仪表台班单价×概算、预算的仪表台班量。

2)措施项目费

(1)文明施工费。文明施工费=人工费×文明施工费费率。具体费率标准见表1-5-4。

表 1-5-4　文明施工费费率表

工程专业	计算基础	费率/%
无线通信设备安装工程	人工费	1.1
通信线路工程、通信管道工程		1.5
有线传输设备安装工程、电源设备安装工程		0.8

(2)工地器材搬运费。工地器材搬运费=人工费×工地器材搬运费费率。具体费率标准见表1-5-5。

表 1-5-5　工地器材搬运费费率表

工程专业	计算基础	费率/%
通信设备安装工程	人工费	1.1
通信线路工程		4.4
通信管道工程		1.2

注:因施工场地条件限制造成一次运输不能到达工地仓库时,可在此费用中按实计列二次搬运费用。

(3)工程干扰费。工程干扰费=人工费×工程干扰费费率。具体费率标准见表1-5-6。

表 1-5-6　工程干扰费费率表

工程专业	计算基础	费率/%
通信线路工程(干扰地区)、通信管道工程(干扰地区)	人工费	6.0
无线通信设备安装工程(干扰地区)		4.0

注:干扰地区指城区、高速公路隔离带、铁路路基边缘等施工地带。城区的界定以当地规划部门规划文件为准。

(4)工程点交、场地清理费。工程点交、场地清理费=人工费×工程点交、场地清理费费率。具体费率标准见表1-5-7。

表 1 - 5 - 7　工程点交、场地清理费费率表

工 程 专 业	计 算 基 础	费率/%
通信设备安装工程		2.5
通信线路工程	人工费	3.3
通信管道工程		1.4

（5）临时设施费。临时设施费按施工现场与企业的距离划分为 35 km 以内、35 km 以外两档。其计算方法为：临时设施费 = 人工费 × 临时设施费费率。具体费率标准见表 1 - 5 - 8。

表 1 - 5 - 8　临时设施费费率表

工 程 专 业	计 算 基 础	费率/%	
		距离≤35 km	距离 >35 km
通信设备		3.8	7.6
通信线路	人工费	2.6	5.0
通信管道		6.1	7.6

（6）工程车辆使用费。工程车辆使用费 = 人工费 × 工程车辆使用费费率。具体的费率标准见表 1 - 5 - 9。

表 1 - 5 - 9　工程车辆使用费费率表

工 程 专 业	计 算 基 础	费率/%
无线通信设备安装工程、通信线路工程		5.0
有线通信设备安装工程、电源设备安装工程、通信管道工程	人工费	2.2

（7）夜间施工增加费。夜间施工增加费 = 人工费 × 夜间施工增加费费率。具体费率标准见表 1 - 5 - 10。

表 1 - 5 - 10　夜间施工增加费费率表

工 程 专 业	计 算 基 础	费率/%
通信设备安装工程		2.1
通信线路工程（城区部分）、通信管道工程	人工费	2.5

注：此项费用不考虑施工时段，均按相应费率计取。

（8）冬雨季施工增加费。冬雨季施工增加费 = 人工费 × 冬雨季施工增加费费率。具体费率标准见表 1 - 5 - 11。冬雨季施工地区分类表见表 1 - 5 - 12。

表 1 - 5 - 11　冬雨季施工增加费费率表

工 程 专 业	计 算 基 础	费率/%		
		Ⅰ	Ⅱ	Ⅲ
通信设备安装工程（室外部分）		3.6	2.5	1.8
通信线路工程、通信管道工程	人工费			

表 1-5-12　冬雨季施工地区分类表

地区分类	地 区
I	黑龙江、青海、新疆、西藏、辽宁、内蒙古、吉林、甘肃
II	陕西、广东、广西、海南、浙江、福建、四川、宁夏、云南
III	其他地区

注:此费用在编制预算时不考虑施工所处季节均按相应费率计取。如工程跨越多个地区分类档,按高档计取该项费用。
综合布线工程室内部分不计取该项费用。

(9)生产工具用具使用费。生产工具用具使用费 = 人工费 × 生产工具用具使用费费率。具体费率标准见表 1-5-13。

表 1-5-13　生产工具用具使用费费率表

工程专业	计算基础	费率/%
通信设备安装工程	人工费	0.8
通信线路工程、通信管道工程		1.5

(10)施工用水电蒸汽费。信息通信建设工程依照施工工艺要求按实计列施工用水电蒸汽费。

(11)特殊地区施工增加费。特殊地区施工增加费 = 特殊地区补贴金额 × 总工日。

表 1-5-14　特殊地区分类及补贴表

地区分类	高海拔地区		原始森林、沙漠、化工、核工业、山区无人值守站地区
	4 000 m 以下	4 000 m 以上	
补贴金额(元/天)	8	25	17

注:如工程所在地同时存在上述多种情况,按高档记取该项费用。

(12)已完工程及设备保护费。

表 1-5-15　已完工程及设备保护费表

工程专业	计算基础	费率/%
通信线路工程	人工费	2.0
通信管道工程		1.8
无线通信设备安装工程		1.5
有线通信及电源设备安装工程(室外部分)		1.8

(13)运土费。运土费 = 工程量(t·km) × 运费单价[元/(t·km)]。

工程量由设计按实计列,运费单价按工程所在地运价计算。

(14)施工队伍调遣费。施工队伍调遣费按调遣费定额计算。施工现场与企业的距离在 35 km 以内时,不计取此项费用。其计算公式为:施工队伍调遣费 = 单程调遣费定额 × 调遣人数 ×2。

具体的标准见表 1-5-16 和表 1-5-17。

表 1 - 5 - 16 施工队伍单程调遣费定额表

调遣里程 L/km	调遣费/元	调遣里程 L/km	调遣费/元
$35 < L \leqslant 100$	141	$1\,600 < L \leqslant 1\,800$	634
$100 < L \leqslant 200$	174	$1\,800 < L \leqslant 2\,000$	675
$200 < L \leqslant 400$	240	$2\,000 < L \leqslant 2\,400$	746
$400 < L \leqslant 600$	295	$2\,400 < L \leqslant 2\,800$	918
$600 < L \leqslant 800$	356	$2\,800 < L \leqslant 3\,200$	979
$800 < L \leqslant 1\,000$	372	$3\,200 < L \leqslant 3\,600$	1\,040
$1\,000 < L \leqslant 1\,200$	417	$3\,600 < L \leqslant 4\,000$	1\,203
$1\,200 < L \leqslant 1\,400$	565	$4\,000 < L \leqslant 4\,400$	1\,271
$1\,400 < L \leqslant 1\,600$	598	$L > 4\,400$ km 后，每增加 200 km 增加调遣费	48

注:调遣里程依据铁路里程计算,铁路无法到达的里程部分,依据公路、水路里程计算。

表 1 - 5 - 17 施工队伍调遣人数定额表

通信设备安装工程			
概(预)算技工总工日	调遣人数/人	概(预)算技工总工日	调遣人数/人
500 工日以下	5	4 000 工日以下	30
1 000 工日以下	10	5 000 工日以下	35
2 000 工日以下	17	5 000 工日以上,每增加 1 000 工日增加调	3
3 000 工日以下	24		
通信线路、通信管道工程			
概(预)算技工总工日	调遣人数/人	概(预)算技工总工日	调遣人数/人
500 工日以下	5	9 000 工日以下	55
1 000 工日以下	10	10 000 工日以下	60
2 000 工日以下	17	15 000 工日以下	80
3 000 工日以下	24	20 000 工日以下	95
4 000 工日以下	30	25 000 工日以下	105
5 000 工日以下	35	30 000 工日以下	120
6 000 工日以下	40	30 000 工日以上,每增加 5 000 工日增加调遣人数	3
7 000 工日以下	45		
8 000 工日以下	50		

(15)大型施工机械调遣费。大型施工机械调遣费 = 调遣用车运价 × 调遣运距 × 2。具体标准见表 1 - 5 - 18 和表 1 - 5 - 19。

表 1 - 5 - 18 大型施工机械吨位表

机 械 名 称	吨 位	机 械 名 称	吨 位
混凝土搅拌机	2	水下(光)电缆沟挖冲机	6
电缆拖车	5	液压顶管机	5
微管微缆气吹设备	6	微控钻孔敷管设备(25 t 以下)	8

机 械 名 称	吨 位	机 械 名 称	吨 位
气流敷设吹缆设备	8	微控钻孔敷管设备(25 t 以上)	12
回旋钻机	11	液压钻机	15
型钢剪断机	4.2	磨钻机	0.5

表 1-5-19　调遣用车吨位及运价表

名　称	吨 位	运价/(元/km)	
		单程运距≤100 km	单程运距>100 km
工程机械运输车	5	10.8	7.2
工程机械运输车	8	13.7	9.1
工程机械运输车	15	17.8	12.5

2. 间接费

1)规费

(1)工程排污费。根据施工所在地政府部门相关规定。

(2)社会保障费。社会保障费 = 人工费×社会保障费费率。

(3)住房公积金。住房公积金 = 人工费×住房公积金费率。

(4)危险作业意外伤害保险费。危险作业意外伤害保险费 = 人工费×危险作业意外伤害保险费费率。具体费率标准见表 1-5-20。

表 1-5-20　规费费率表

费用名称	工程专业	计算基础	费率/%
社会保障费			28.50
住房公积金	各类通信工程	人工费	4.19
危险作业意外伤害保险费			1.00

2)企业管理费

企业管理费 = 人工费×企业管理费费率。具体费率标准见表 1-5-21。

表 1-5-21　企业管理费费率表

工程专业	计算基础	费率/%
各类通信工程	人工费	27.4

3. 利润

利润 = 人工费×利润率。具体费率标准见表 1-5-22。

表 1-5-22　利润率表

工程专业	计算基础	费率/%
各类通信工程	人工费	20.0

4. 销项税额

销项税额 = (人工费 + 乙供主材费 + 辅材费 + 机械使用费 + 仪表使用费 + 措施费 + 规费 +

企业管理费+利润)×11% +甲供主材费×适用税率。

（注：甲供主材适用税率为材料采购税率；乙供主材指建筑服务方提供的材料。）

5. 设备、工器具购置费

设备、工器具购置费=设备原价+运杂费+运输保险费+采购及保管费+采购代理服务费。式中：

（1）设备原价：供应价或供货地点价。

（2）运杂费=设备原价×设备运杂费费率（见表1-5-23）。

表1-5-23　设备运杂费费率表

运输里程 L/km	取费基础	费率/%	运输里程 L/km	取费基础	费率/%
$L \leqslant 100$	设备原价	0.8	$1\,000 < L \leqslant 1\,250$	设备原价	2.0
$100 < L \leqslant 200$		0.9	$1\,250 < L \leqslant 1\,500$		2.2
$200 < L \leqslant 300$		1.0	$1\,500 < L \leqslant 1\,750$		2.4
$300 < L \leqslant 400$		1.1	$1\,750 < L \leqslant 2\,000$		2.6
$400 < L \leqslant 500$		1.2	$L > 2\,000$ km 时，每增 250 km 增加		0.1
$500 < L \leqslant 750$		1.5			
$750 < L \leqslant 1\,000$		1.7	—		—

（3）运输保险费=设备原价×保险费费率（0.4%）。

（4）采购及保管费=设备原价×采购及保管费费率（见表1-5-24）。

表1-5-24　采购及保管费费率表

项　目　名　称	计　算　基　础	费率/%
需要安装的设备	设备原价	0.82
不需要安装的设备(仪表、工器具)		0.41

（5）采购代理服务费按实计列。

（6）进口设备（材料）的国外运输费、国外运输保险费、关税、增值税、外贸手续费、银行财务费、国内运杂费、国内运输保险费、进口设备（材料）国内检验费、海关监管手续费等按进口货价计算后进入相应的设备材料费中。单独引进软件不计关税只计增值税。

6. 工程建设其他费

1）建设用地及综合赔补费

（1）根据应征建设用地面积、临时用地面积，按建设项目所在省、自治区、直辖市人民政府制定颁发的土地征用补偿费、安置补助费标准和耕地占用税、城镇土地使用税标准计算。

（2）建设用地上的建（构）筑物如需迁建，其迁建补偿费应按迁建补偿协议计列或按新建同类工程造价计算。

2）建设单位管理费

建设单位可根据《关于印发〈基本建设项目建设成本管理规定〉的通知》（财建〔2016〕504号）结合自身实际情况制定项目建设管理费取费规则。

例如，建设项目采用工程总承包方式，其总包管理费由建设单位与总包单位根据总包工作范围在合同中商定，从项目建设管理费中列支。

3）可行性研究费

根据《国家发展改革委关于进一步放开建设项目专业服务价格的通知》（发改价格〔2015〕299号）文件的要求，可行性研究服务收费实行市场调节价。

4）研究试验费

（1）根据建设项目研究试验内容和要求进行编制。

（2）研究试验费不包括以下项目：

①应由科技三项费用（新产品试制费、中间试验费和重要科学研究补助费）开支的项目。

②应在建筑安装费用中列支的施工企业对材料、构件进行一般鉴定、检查所发生的费用及技术革新的研究试验费。

③应由勘察设计费或工程费中开支的项目。

5）勘察设计费

根据《国家发展改革委关于进一步放开建设项目专业服务价格的通知》（发改价格〔2015〕299号）文件的要求，勘察设计服务收费实行市场调节价。

6）环境影响评价费

根据《国家发展改革委关于进一步放开建设项目专业服务价格的通知》（发改价格〔2015〕299号）文件的要求，环境影响咨询服务收费实行市场调节价。

7）建设工程监理费

根据《国家发展改革委关于进一步放开建设项目专业服务价格的通知》（发改价格〔2015〕299号）文件的要求，建设工程监理服务收费实行市场调节价。可参照相关标准作为计价基础。

8）安全生产费

参照《关于印发〈企业安全生产费用提取和使用管理办法〉的通知》财企〔2012〕16号文规定执行。

9）引进技术和引进设备其他费

（1）引进项目图纸资料翻译复制费：根据引进项目的具体情况计列或按引进设备到岸价的比例估列。

（2）出国人员费用：依据合同规定的出国人次、期限和费用标准计算。生活费及制装费按照财政部、外交部规定的现行标准计算，旅费按中国民航公布的国际航线票价计算。

（3）来华人员费用：应依据引进合同有关条款规定计算。引进合同价款中已包括的费用内容不得重复计算。来华人员接待费用可按每人次费用指标计算。

（4）银行担保及承诺费：应按担保或承诺协议计取。

10）工程保险费

（1）不投保的工程不计取此项费用。

（2）不同的建设项目可根据工程特点选择投保险种，根据投保合同计列保险费用。

11）工程招标代理费

根据《国家发展改革委关于进一步放开建设项目专业服务价格的通知》（发改价格〔2015〕299号）文件的要求，工程招标代理服务收费实行市场调节价。

12）专利及专用技术使用费

（1）按专利使用许可协议和专有技术使用合同的规定计列。

（2）专有技术的界定应以省、部级鉴定机构的批准为依据。

（3）项目投资中只计取需要在建设期支付的专利及专有技术使用费。协议或合同规定在生产期支付的使用费应在成本中核算。

13）其他费用

根据工程实际计列。

14）生产准备及开办费

新建项目按设计定员为基数计算，改扩建项目按新增设计定员为基数计算：

生产准备及开办费 = 设计定员 × 生产准备费指标(元/人)

生产准备及开办费指标由投资企业自行测算。此项费用列入运营费。

7. 预备费

预备费 = (工程费 + 工程建设其他费) × 预备费费率。具体费率标准见表1-5-25。

表1-5-25　预备费费率表

工 程 专 业	计 算 基 础	费率/%
通信设备安装工程	工程费 + 工程建设其他费	3.0
通信线路工程		4.0
通信管道工程		5.0

8. 建设期利息

按银行当期利率计算。

5.2.3　信息通信建设工程施工机械、仪表台班单价

1. 信息通信建设工程施工机械台班单价(见表1-5-26)

表1-5-26　信息通信建设工程施工机械台班单价

编　号	机 械 名 称	型　号	台班单价/元
TXJ001	光纤熔接机		144
TXJ002	带状光纤熔接机		209
TXJ003	电缆模块接续机		125
TXJ004	交流弧焊机		120
TXJ005	汽油发电机	10 kW	202
TXJ006	柴油发电机	30 kW	333
TXJ007	柴油发电机	50 kW	446
TXJ008	电动卷扬机	3 t	120
TXJ009	电动卷扬机	5 t	122
TXJ010	汽车式起重机	5 t	516
TXJ011	汽车式起重机	8 t	636
TXJ012	汽车式起重机	16 t	768
TXJ013	汽车式起重机	25 t	947
TXJ014	汽车式起重机	50 t	2051

编　号	机　械　名　称	型　号	台班单价/元
TXJ015	汽车式起重机	75 t	5 279
TXJ016	载重汽车	5 t	372
TXJ017	载重汽车	8 t	456
TXJ018	载重汽车	12 t	582
TXJ019	载重汽车	20 t	800
TXJ020	叉式装载车	3 t	374
TXJ021	叉式装载车	5 t	450
TXJ022	汽车升降机		517
TXJ023	挖掘机	0.6 m³	743
TXJ024	破碎锤(含机身)		768
TXJ025	电缆工程车		373
TXJ026	电缆拖车		138
TXJ027	滤油机		121
TXJ028	真空滤油机		149
TXJ029	真空泵		137
TXJ030	台式电钻机	∅ 25 mm	119
TXJ031	立式钻床	∅ 25 mm	121
TXJ032	金属切割机		118
TXJ033	氧炔焊接设备		144
TXJ034	燃油式路面切割机		210
TXJ035	电动式空气压缩机	0.6 m³/min	122
TXJ036	燃油式空气压缩机	6 m³/min	368
TXJ037	燃油式空气压缩机(含风镐)	6 m³/min	372
TXJ038	污水泵		118
TXJ039	抽水机		119
TXJ040	夯实机		117
TXJ041	气流敷设设备(敷设微管微缆)		814
TXJ042	气流敷设设备(敷设光缆)		1 007
TXJ043	微控钻孔敷管设备(套)	<25 t	1 747
TXJ044	微控钻孔敷管设备(套)	>25 t	2 594
TXJ045	水泵冲槽设备		645
TXJ046	水下光(电)缆沟挖冲机		677
TXJ047	液压顶管机	5 t	444
TXJ048	缠绕机		137
TXJ049	自动升降机		151
TXJ050	机动绞磨		170

第一部分　通信工程设计概述

编　号	机 械 名 称	型　号	台班单价/元
TXJ051	混凝土搅拌机		215
TXJ052	混凝土振捣机		208
TXJ053	型钢剪断机		320
TXJ054	管子切断机		168
TXJ055	磨钻机		118
TXJ056	液压钻机		277
TXJ057	机动钻机		343
TXJ058	回旋钻机		582
TXJ059	钢筋调直切割机		128
TXJ060	钢筋弯曲机		120

2. 信息通信建设工程仪表台班单价(见表 1 – 5 – 27)

表 1 – 5 – 27　信息通信建设工程仪表台班单价

编　号	机 械 名 称	型　号	台班单价/元
TXY001	数字传输分析仪	155 M/622 M	350
TXY002	数字传输分析仪	2.5 G	674
TXY003	数字传输分析仪	10 G	1181
TXY004	数字传输分析仪	40 G	1943
TXY005	数字传输分析仪	100 G	2400
TXY006	稳定光源		117
TXY007	误码测试仪	2 M	120
TXY008	误码测试仪	155/622 M	278
TXY009	误码测试仪	2.5 G	420
TXY010	误码测试仪	10 G	524
TXY011	误码测试仪	40G	894
TXY012	误码测试仪	100 G	1128
TXY013	光可变衰耗器		129
TXY014	光功率计		116
TXY015	数字频率计		160
TXY016	数字宽带示波器	20 G	428
TXY017	数字宽带示波器	100 G	1288
TXY018	光谱分析仪		428
TXY019	多波长计		307
TXY020	信令分析仪		227
TXY021	协议分析仪		127
TXY022	ATM 性能分析仪		307

编　号	机 械 名 称	型　号	台班单价/元
TXY023	网络测试仪		166
TXY024	PCM 通道测试仪		190
TXY025	用户模拟呼叫器		268
TXY026	数据业务测试仪	GE	192
TXY027	数据业务测试仪	10GE	307
TXY028	数据业务测试仪	40GE	832
TXY029	数据业务测试仪	100GE	1 154
TXY030	漂移测试仪		381
TXY031	中继模拟呼叫器		231
TXY032	光时域反射仪		153
TXY033	偏振模色散测试仪	PMD 分析	455
TXY034	操作测试终端(电脑)		125
TXY035	音频振荡器		122
TXY036	音频电平表		123
TXY037	射频功率计		147
TXY038	天馈线测试仪		140
TXY039	频谱分析仪		138
TXY040	微波信号发生器		140
TXY041	微波/标量网络分析仪		244
TXY042	微波频率计		140
TXY043	噪声测试仪		127
TXY044	数字微波分析仪(SDH)		187
TXY045	射频/微波步进衰耗器		166
TXY046	微波传输测试仪		332
TXY047	数字示波器	350M	130
TXY048	数字示波器	500M	134
TXY049	微波系统分析仪		332
TXY050	视频、音频测试仪		180
TXY051	视频信号发生器		164
TXY052	音频信号发生器		151
TXY053	绘图仪		140
TXY054	中频信号发生器		143
TXY055	中频噪声发生器		138
TXY056	测试变频器		153
TXY057	移动路测系统		428
TXY058	网络优化测试仪		468

编　　号	机械名称	型　　号	台班单价/元
TXY059	综合布线线路分析仪		156
TXY060	经纬仪		118
TXY061	GPS 定位仪		118
TXY062	地下管线探测仪		157
TXY063	对地绝缘探测仪		153
TXY064	光回损测试仪		135
TXY065	pon 光功率计		116
TXY066	激光测距仪		119
TXY067	高压绝缘电阻测试仪		120
TXY068	直流高压发生器	40 kV/60 kV	121
TXY069	高精度电压表		119
TXY070	数字式阻抗测试仪（数字电桥）		117
TXY071	直流钳形电流表		117
TXY072	手持式多功能数字万用表		117
TXY073	红外线温度计		117
TXY074	交/直流低电阻测试仪		118
TXY075	全自动变比组别测试仪		122
TXY076	接地电阻测试仪		120
TXY077	相序表		117
TXY078	蓄电池特性容量监测仪		122
TXY079	智能放电测试仪		154
TXY080	智能放电测试仪（高压）		227
TXY081	相位表		117
TXY082	电缆测试仪		117
TXY083	振荡器		117
TXY084	电感电容测试仪		117
TXY085	三相精密测试电源		139
TXY086	线路参数测试仪		125
TXY087	调压器		117
TXY088	风冷式交流负载器		117
TXY089	风速计		119
TXY090	移动式充电机		119
TXY091	放电负荷		122
TXY092	电视信号发生器		118

编　号	机　械　名　称	型　号	台班单价/元
TXY093	彩色监视器		117
TXY094	有毒有害气体检测仪		117
TXY095	可燃气体检测仪		117
TXY096	水准仪		116
TXY097	互调测试仪		310
TXY098	杂音计		117
TXY099	色度色散测试仪 CD 分析		442

5.3　信息通信建设工程概预算编制规程

5.3.1　总则

（1）本规程适用于信息通信建设项目新建和扩建工程的概算、预算的编制;改建工程可参照使用。

信息通信建设项目涉及土建工程时(铁塔基础施工工程除外),应按各地区有关部门编制的土建工程的相关标准编制概算、预算。

（2）信息通信建设工程概算、预算应包括从筹建到竣工验收所需的全部费用,其具体内容、计算方法、计算规则应依据现行信息通信建设工程定额及其他有关计价依据进行编制。

（3）概算、预算的编制和审核以及从事信息通信工程造价相关工作的人员必须熟练掌握《信息通信建设工程预算定额》等文件,通信主管部门通过信息化手段加强对从事概算、预算编制及工程造价从业人员的监督管理。

5.3.2　设计概算、施工图预算的编制

（1）信息通信建设工程概算、预算的编制,应按相应的设计阶段进行。当建设项目采用两阶段设计时,初步设计阶段编制设计概算,施工图设计阶段编制施工图预算。采用一阶段设计时,应编制施工图预算,并计列预备费、建设期利息等费用。建设项目按三阶段设计时,在技术设计阶段编制修正概算。

信息通信建设工程概算、预算应按单项工程编制。单项工程项目划分见表1-5-28。

（2）设计概算是初步设计文件的重要组成部分。编制设计概算应在投资估算的范围内进行。

施工图预算是施工图设计文件的重要组成部分。编制施工图预算应在批准的设计概算范围内进行。

（3）设计概算的编制依据:

①批准的可行性研究报告。

②初步设计图纸及有关资料。

③国家相关管理部门发布的有关法律、法规、标准规范。

表 1-5-28　信息通信建设单项工程项目划分表

专 业 类 别		单项工程名称	备　注
电源设备安装工程		××电源设备安装工程(包括专用高压供电线路工程)	
有线通信设备安装工程	传输设备安装工程	××数字复用设备及光、电设备安装工程	
	交换设备安装工程	××通信交换设备安装工程	
	数据通信设备安装工程	××数据通信设备安装工程	
	视频监控设备安装工程	××视频监控设备安装工程	
无线通信设备安装工程	微波通信设备安装工程	××微波通信设备安装工程(包括天线、馈线)	
	卫星通信设备安装工程	××地球站通信设备安装工程(包括天线、馈线)	
	移动通信设备安装工程	1. ××移动控制中心设备安装工程 2. 基站设备安装工程(包括天线、馈线) 3. 分布系统设备安装工程	
	铁塔安装工程	××铁塔安装工程	
通信线路工程		1. ××光、电缆线路工程 2. ××水底光、电缆工程(包括水线房建筑及设备安装) 3. ××用户线路工程(包括主干及配线光、电缆、交接及配线设备、集线器、杆路等) 4. ××综合布线系统工程 5. ××光纤到户工程	进局及中继光(电)缆工程可按每个城市作为一个单项工程
通信管道工程		××路(××段)、××小区通信管道工程	

④《信息通信建设工程预算定额》(目前信息通信工程用预算定额代替概算定额编制概算)、《信息通信建设工程费用定额》及其有关文件。

⑤建设项目所在地政府发布的土地征用和赔补费等有关规定。

⑥有关合同、协议等。

(4)施工图预算的编制依据:

①批准的初步设计概算及有关文件。

②施工图、标准图、通用图及其编制说明。

③国家相关管理部门发布的有关法律、法规、标准规范。

④《信息通信建设工程预算定额》《信息通信建设工程费用定额》及其有关文件。

⑤建设项目所在地政府发布的土地征用和赔补费用等有关规定。

⑥有关合同、协议等。

(5)设计概算由编制说明和概算表组成。

编制说明包括的内容:

①工程概况、概算总价值。

②编制依据及采用的取费标准和计算方法的说明。

③工程技术经济指标分析:主要分析各项投资的比例和费用构成,分析投资情况,说明设计的经济合理性及编制中存在的问题。

④其他需要说明的问题。

概算、预算表见表 1-5-29 至表 1-5-38(全套共十张表)。

（6）施工图预算由编制说明和预算表组成。

编制说明包括的内容：

①工程概况、预算总价值。

②编制依据及采用的取费标准和计算方法的说明。

③工程技术经济指标分析。

④其他需要说明的问题。

预算表见表1-5-29。

（7）设计概算、施工图预算的编制应按下列程序进行：

① 收集资料，熟悉图纸。

②计算工程量。

③套用定额，选用价格。

④计算各项费用。

⑤复核。

⑥写编制说明。

⑦审核出版。

（8）进口设备工程的概算、预算除应包括本规程和费用定额规定的费用外，还应包括关税等国家规定应计取的其他费用，其计取标准应参照相关部门的规定。外币表现形式可用美元或进口国货币。编制表格应包括《进口器材_____概算、预算表》（见表1-5-36）、《进口设备工程建设其他费概算、预算表》（见表1-5-37）。

表1-5-29　建设项目总_____算表（汇总表）

建设项目名称：　　　　　　　建设单位名称：　　　　　　表格编写：　　　　　　第　页

序号	表格编号	工程名称	小型建筑工程费	需要安装的设备费	不需安装的设备、工器具费	建筑安装工程费	其他费用	预备费	总　价　值				生产准备及开办费
			（元）						除税价	增值税	含税价	其中外币（　）	（元）
I	II	III	IV	V	VI	VII	VIII	IX	X	XI	XII	XIII	XIV

设计负责人：　　　　　审核：　　　　　编制：　　　　　编制日期：　　　年　月

表 1-5-30 工程_____算总表(表一)

建设项目名称:

项目名称: 　　　　　　建设单位名称: 　　　　表格编写: 　　　　　第 页

序号	表格编号	费用名称	小型建筑工程费	需要安装的设备费	不需要安装的设备、工器具费	建筑安装工程费	其他费用	预备费	总 价 值			
			(元)						除税价	增值税	含税价	其中外币( )
I	II	III	IV	V	VI	VII	VIII	IX	X	XI	XII	XIII

设计负责人: 　　　　　审核: 　　　　编制: 　　　　编制日期: 　　　　年 月

表 1-5-31 建筑安装工程费用_____算表(表二)

工程名称: 　　　　　　建设单位名称: 　　　　表格编号 　　　　　第 页

序号	费用名称	依据和计算方法	合计/元	序号	费用名称	依据和计算方法	合计/元
I	II	III	IV	I	II	III	IV
	建安工程费(含税价)			7	夜间施工增加费		
	建安工程费(除税价)			8	冬雨季施工增加费		
一	直接费			9	生产工具用具使用费		
(一)	直接工程费			10	施工用水电蒸汽费		
1	人工费			11	特殊地区施工增加费		
(1)	技工费			12	已完工程及设备保护费		
(2)	普工费			13	运土费		
2	材料费			14	施工队伍调道费		
(1)	主要材料费			15	大型施工机械调遣费		
(2)	辅助材料费			二	间接费		
3	机械使用费			(一)	规费		
4	仪表使用费			1	工程排污费		
(二)	措施项目费			2	社会保障费		
1	文明施工费			3	住房公积金		
2	工地器材搬运费			4	危险作业意外伤害保险费		
3	工程干扰费			(二)	企业管理费		
4	工程点交、场地清理费			三	利润		
5	临时设施费			四	销项税额		
6	工程车辆使用费						

设计负责人: 　　　　　审核: 　　　　编制: 　　　　编制日期: 　　　　年 月

表 1 – 5 – 32　建筑安装工程量_____算表(表三)甲

工程名称:　　　　　　建设单位名称:　　　　　　表格编号:　　　　　　　　　第　页

序号	定额编号	项目名称	单位	数量	单位定额值/工日		合计值/工日	
					技工	普工	技工	普工
Ⅰ	Ⅱ	Ⅲ	Ⅳ	Ⅴ	Ⅵ	Ⅶ	Ⅷ	Ⅸ

设计负责人:　　　　　审核:　　　　　编制:　　　　　编制日期:　　　　　年　月

表 1 – 5 – 33　建筑安装工程机械使用费_____算表(表三)乙

工程名称:　　　　　　建设单位名称:　　　　　　表格编号:　　　　　　　　　第　页

序号	定额编号	项目名称	单位	数量	机械名称	单位定额值		合 计 值	
						消耗量/台班	单价/元	消耗量/台班	合价/元
Ⅰ	Ⅱ	Ⅲ	Ⅳ	Ⅴ	Ⅵ	Ⅶ	Ⅷ	Ⅸ	Ⅹ

设计负责人:　　　　　审核:　　　　　编制:　　　　　编制日期:　　　　　年　月

表1-5-34　建筑安装工程仪器仪表使用费_____算表(表三)丙

工程名称：　　　　　　建设单位名称：　　　　　　表格编号：　　　　　　第　页

序号	定额编号	项目名称	单位	数量	仪表名称	单位定额值		合　计　值	
						消耗量/台班	单价/元	消耗量/台班	合价/元
I	II	III	IV	V	VI	VII	VIII	IX	X

设计负责人：　　　　　审核：　　　　　编制：　　　　　编制日期：　　　年　月

表1-5-35　国内器材_____算表(表四)甲

(　　　　　)表

工程名称：　　　　　　建设单位名称：　　　　　　表格编号：　　　　　　第　页

序号	名　称	规格程式	单位	数量	单价/元			合计/元			备注
					除税价	增值税	含税价	除税价	增值税	含税价	
I	II	III	IV	V	VI	VII	VIII	IX	X	XI	XII

设计负责人：　　　　　审核：　　　　　编制：　　　　　编制日期：　　　年　月

表1-5-36 进口器材_____算表(表四)乙

( )表

工程名称: 建设单位名称: 表格编号: 第 页

序号	中文名称	外文名称	单位	数量	单 价					合 价			
					外币 ( )	折合人民币/元			外币 ( )	折合人民币/元		
						除税价	增值税	含税价		除税价	增值税	含税价
I	II	III	IV	V	VI	VII	VIII	IX	X	XI	XII	XIII

设计负责人: 审核: 编制: 编制日期: 年 月

表1-5-37 工程建设其他费_____算表(表五)甲

工程名称: 建设单位名称: 表格编号: 第 页

序号	费用名称	计算依据及方法	金额/元			备 注
			降税价	增值税	含税价	
I	II	III	IV	V	VI	VII
1	建设用地及综合赔补费					
2	建设单位管理费					
3	可行性研究费					
4	研究试验费					
5	勘察设计费					
6	环境影响评价费					
7	建设工程监理费					
8	安全生产费					
9	引进技术及进口设备其他费					
10	工程保险费					
11	工程招标代理费					
12	专利及专利技术使用费					
13	其他费用					
	总 计					
14	生产准备及开办费(运营费)					

设计负责人: 审核: 编制: 编制日期: 年 月

表1-5-38 进口设备工程建设其他费用_____算表(表五)乙

工程名称：　　　　　　　建设单位名称：　　　　　　　表格编号：　　　　　　　第　页

序号	费用名称	计算依据及方法	金　额				备　注
			外币( )	折合人民币/元			
				降税价	增值税	含税价	
Ⅰ	Ⅱ	Ⅲ	Ⅳ	Ⅴ	Ⅵ	Ⅶ	Ⅷ

5.4　信息通信建设工程预算定额

《信息通信建设工程预算定额》共分为以下五册,如表1-5-39至表1-5-43所示。

(1)第一册:通信电源设备安装工程,册名代号TSD,共七章,子目总数340条。

表1-5-39　第一册:通信电源设备安装工程

章　名　称	定额编号		
	起	止	小　计
第一章　安装与调试高、低压供电设备	TSD1-001	TSD1-075	75
第二章　安装与调试发电设备	TSD2-001	TSD2-051	51
第三章　安装直流电源设备、不间断电源设备	TSD3-001	TSD3-096	96
第四章　机房空调及动力环境监控	TSD4-001	TSD4-013	13
第五章　敷设电源母线、电力和控制缆线	TSD5-001	TSD5-062	62
第六章　接地装置	TSD6-001	TSD6-015	15
第七章　安装附属设施	TSD7-001	TSD7-028	28
总　计			340

(2)第二册:有线通信设备安装工程,册名代号TSY,共五章,子目总数372条。

表1-5-40　第二册:有线通信设备安装工程

章　名　称	定额编号		
	起	止	小　计
第一章　安装机架、缆线及辅助设备	TSY1-001	TSY1-110	110
第二章　安装、调测光纤数字传输设备	TSY2-001	TSY2-103	103
第三章　安装、调测数据通信设备	TSY3-001	TSY3-069	69
第四章　安装、调测交换设备	TSY4-001	TSY4-033	33
第五章　安装、调测视频监控设备	TSY5-001	TSY5-057	57
总　计			372

（3）第三册：无线通信设备安装工程，册名代号 TSW，共五章，子目总数 651 条。

表 1 - 5 - 41　第三册：无线通信设备安装工程

章　名　称	定额编号		
	起	止	小　计
第一章　安装机架、缆线及辅助设备	TSW1 - 001	TSW1 - 090	90
第二章　安装移动通信设备	TSW2 - 001	TSW2 - 112	112
第三章　安装微波通信设备	TSW3 - 001	TSW3 - 107	107
第四章　安装卫星地球站设备	TSW4 - 001	TSW4 - 118	118
第五章　铁塔安装工程	TSW5 - 001	TSW5 - 224	224
总　　　计			651

（4）第四册：通信线路工程，册名代号 TXL，共七章，子目总数 877 条。

表 1 - 5 - 42　第四册：通信线路工程

章　名　称	定额编号		
	起	止	小　计
第一章　施工测量、单盘检验与开挖路面	TXL1 - 001	TXL1 - 022	22
第二章　敷设埋式光（电）缆	TXL2 - 001	TXL2 - 188	188
第三章　敷设架空光（电）缆	TXL3 - 001	TXL3 - 222	222
第四章　敷设管道、引上扩墙壁光（电）缆	TXL4 - 001	TXL4 - 062	62
第五章　敷设其他光（电）缆	TXL5 - 001	TXL5 - 079	79
第六章　光（电）缆接续与测试	TXL6 - 001	TXL6 - 213	213
第七章　安装线路设备	TXL7 - 001	TXL7 - 091	91
总　　　计			877

（5）第五册：通信管道工程，册名代号 TGD，共四章，子目总数 324 条。

表 1 - 5 - 43　第五册：通信管道工程

章　名　称	定额编号		
	起	止	小　计
第一章　施工测量与挖、填管道沟及人孔坑	TGD1 - 001	TGD1 - 046	46
第二章　铺设通信管道	TGD2 - 001	TGD2 - 160	160
第三章　彻筑人（手）孔	TGD3 - 001	TGD3 - 097	97
第四章　管道防护工程及其他	TGD4 - 001	TGD4 - 021	21
总　　　计			324

第二部分　信息通信建设工程设计

▶ 项目 **1** 通信电源设备安装工程设计

通信工程设计的主要依据是《设计任务书》。《设计任务书》是确定项目建设方案的基本文件,它由建设单位以可行性研究报告推荐的最佳方案为基础进行编写,报请主管部门批准生效后下达给设计单位。

设计院接到《设计任务书》后,从以下几方面综合考虑完成工程设计工作:

(1)按照国家的有关政策、法规、技术规范,在规定的范围内,考虑拟建工程在综合技术方面的可行性、先进性及其社会效益、经济效益。

(2)结合客观条件,充分利用相关的科学技术成果和长期积累的设计经验。

(3)按照工程建设的需要,利用好现场勘察、测量所取得的基础资料、数据和技术标准。

(4)运用现阶段的材料、设备和机械、仪器等编制概(预)算,将可行性研究中推荐的最佳方案具体化,形成图纸、预算、文字,为工程实施提供依据。

目前,我国对于规模较小的工程采用一阶段设计,大部分项目采用二阶段设计,比较重大的项目采用三阶段设计(即初步设计阶段、技术设计阶段、施工图设计阶段)。

建设单位根据各营销中心客户经理提供的市场需求信息,经建设主管部门分析同意立项后,形成《单项工程设计任务书》,通过电子邮件形式发送到设计院,设计院接单后及时启动实施该工程的设计工作(施工图设计)。W 基站电源设备安装单项工程设计委托书见表 2 - 1 - 1。

表 2 - 1 - 1　W 基站电源设备安装单项工程设计委托书

项目名称:	W 基站电源设备安装工程		
需求单编号:	×××××	客户经理:×××	
所属区域:	城郊	电话号码:××××××××××	
项目类型:	新建		
需求申请日期:	2017 年××月××日	要求完成日期:	2017 年××月××日
客户名称:	××××	联系人:	×××
客户属性:	××××	联系电话:	××××××××××
通信地址:	××市××区××路 W 基站		

项目简述/效益预测分析	项目背景	＊＊运营商因扩容 W 基站,需要安装 2 组 −48 V/500 AH 蓄电池组。1 套 380 V/60 A 交流配电屏,1 套 −48 V/600 A 整流柜
	业务预测:	
	效益预测:	
	备注:	

本项目以《W 基站电源设备安装单项工程设计委托书》(见表 2 − 1 − 1)为例,紧密结合工程设计实际,将项目细分为 11 个任务:任务 1 工程勘察;任务 2 方案设计;任务 3 绘制设计图;任务 4 计算主要工程量;任务 5 计算主要设备材料;任务 6 制作预算表一至表五;任务 7 编制预算表三甲、乙、丙;任务 8 编制预算表四设备、材料;任务 9 编制预算表二;任务 10 编制预算表五;任务 11 编制预算表一。详细介绍通信电源设备安装工程设计的方法和步骤。

任务1　工程勘察

工程勘察的流程如图 2 − 1 − 1 所示。

设计院根据勘察流程,将收到的设计任务书根据专业分类,将该工程的勘察任务下达相应勘察小组按期完成勘察工作。

在勘察准备阶段,勘察人员要做好如下工作:

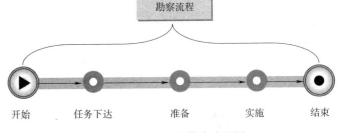

图 2 − 1 − 1　工程勘察流程图

(1)根据设计任务书的需求搜集原有设计资料、工程资料或客户提供的方案图、规划图等,了解工程情况。

(2)如在原有机房上安装电源设备,需要拿到现有机房设备平面布置图;如在新建机房安装电源设备,需要拿到该机房设备安装规划图。

(3)准备勘察工具:指南针、钢卷尺、皮尺等。

(4)联系客户经理,确定勘察日期。

勘察人员在对工程进行实地勘察时,除要绘制勘察草图、填写勘察表外,还要根据[工信部通信〔2015〕406 号《通信建设工程安全生产管理规定》第七条勘察、设计单位的安全生产责任(一):勘察单位应当按照法律、法规和工程建设强制性标准进行勘察,提供的勘察文件应当真实、准确,满足通信建设工程安全生产的需要。在勘察作业时,应当严格执行操作规程,采取措施保证各类管线、设施和周边建筑物、构筑物的安全。对有可能引发通信工程安全隐患的灾害提出防治措施,详细记录工程风险因素。

(5)勘察要点。

①现场调查:

● 了解市电引入的情况、各通信机房的相对位置、结构,楼间电源上下线路由等。确定电力主机房、油机房和通信机房高度,以便确定上下线电源线缆长度。

● 了解大楼供电系统的大致情况〔大楼照明用电、空调用电、通信设备用电等〕,通信设备现在负荷,近期或者将来计划安装设备的情况,估算出机房将来交/直流总负荷各是多少,统计并做详细记录。

②机房负荷及相关数据:

● 交流配电容量(A)、可用路数。

● 直流配电容量(A)、可用路数。

● 整流模块电流(A):配置原则与电池的充电电流和负载电流有关,以及最大放置块数。

● 现有电池容量(AH)。

● 设备功耗(显示屏上读取)。

③机房地线:

● 机房工作地排的具体位置和各上下线孔/槽位置。

● 机房保护地排的具体位置和各上下线孔/槽位置。

④ 机房承重:

如果机房为租用机房,则要向局方了解机房的现承重数据,以便考虑设计中是否做承重处理。

勘察过程中若有与《设计任务书》有较大出入的情况,需填写信息反馈表或备忘录,及时上报原下达设计任务书的单位,并重新审定设计方案,经通信设备负责人确认后提交做退单处理。

勘察结束后,整理勘察草图,如图2-1-2所示,确定新增设备的尺寸和安放位置。

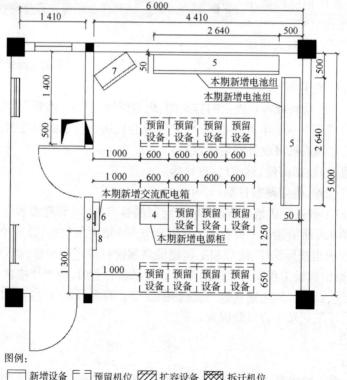

图例:

　□新增设备　└┘预留机位　▨扩容设备　▨拆迁机位

图2-1-2　电源设备勘察草图

工程勘察结束后,就进行设计工作了,其设计流程如图2-1-3所示。

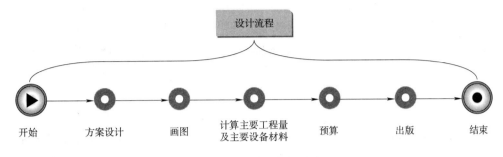

图2-1-3 设计流程图

任务2 方 案 设 计

在方案设计中,主要根据本工程的勘察数据,根据 GB 51194—2016《通信电源设备安装工程设计规范》对交流供电系统、直流供电系统、防雷及接地系统、机房设备布置、动力及环境监控进行设计。

特别是注意直流电源馈线应按远期负荷确定,当近期负荷与远期负荷相差悬殊时,可按分期敷设的方式确定,设计时应考虑将来扩装的条件。

任务3 绘制设计图

设计图是设计人员经过工程勘察、方案设计比选后,充分反映设计意图,使工程各项技术措施具体化,是工程建设施工、监理的依据。故设计图必须有详细的尺寸、具体的做法和要求。图上应注有准确的位置、地点,使施工人员按照施工图纸就可以施工。

绘制图纸要求:

(1)画出机房平面布置图,确定机房方位(指北)。

(2)画出局/站内原有电源设备外形尺寸图(高×宽×深),标明厂家名称及型号、规格,接线端子位置,空闲保险(熔丝和空开)的数量、规格,端子图要非常详细。

(3)机房是否需要改造附图标并注明改造要求。

下面分以下几方面说明绘制设计图的要求:

1. 绘制设计图总体要求

(1)工程制图应根据表述对象的性质、论述的目的与内容,选取适宜的图纸及表达手段,以便完整地表述主题内容。

(2)图面应布局合理,排列均匀,轮廓清晰且便于识别。

(3)图纸中应选用合适的图线宽度,避免图中线条过粗或过细。

(4)应正确使用国家标准和行业标准规定的图形符号。派生新的符号时,应符合国家标准符号的派生规律,并在合适的地方加以说明。

（5）在保证图面布局紧凑和使用方便的前提下，应选择合适的图纸幅面，使原图大小适中。

（6）应准确地按规定标注各种必要的技术数据和注释，并按规定进行书写或打印。

（7）工程图纸应按规定设置图衔，并按规定的责任范围签字，各种图纸应按规定顺序编号。

（8）施工图中需要标出重要的安全风险因素。

2. 图纸的图签

根据中华人民共和国通信行业标准 YD/T 5015—2015《通信工程制图与图形符号规定》图纸图签签字要求，图纸图签签字要符合要求，签字范围及要求如下：

（1）设计人、单项设计负责人、审核人、设计总负责人在本工程编号图纸上全部签字。

（2）部门主管：签署除通用图、部件加工图以外的本工程编号的全部图纸。

（3）公司主管：各项总图、带方案性质的图纸必签，其他图纸可选，通用图、部件加工图可不签。

签署注意事项：

①结合审查程序，签署应自下而上进行，图签可采用通用格式。

②有些图纸同一级由两人签署时，在图衔签字栏内的左右格内分别签署。

③无须主管签字的栏画斜杠。

④通用图、经过专业项目审核签字的并反复使用的图纸，可以采用复印版本。

⑤共用图：本工程设计图纸，各册间通用的图纸，均需要签字。

⑥对于多家设计单位共同完成的设计文件，依据设计合同要求对各自承担的设计文件按照各自单位图签进行签署。对于总册、汇总册的相关图纸分别使用相关设计单位的图签进行签署。

3. 图纸图号

（1）一般形式为：设计编号、设计阶段—专业代号—图纸编号，图纸编号一般按顺序号编制。

（2）对于全国网或跨省干线工程的分省、分段或移动通信分业务区等有特殊需求时可变更如下：

设计编号（x）设计阶段—专业代号（y）—图纸编号。

式中（x）为省级或业务区的代号，（y）表示不同的册号或区分不同的通信站、点的代号。

（3）专业代号应遵循 YD/T 5015—2015《通信工程制图与图形符号规定》，对于通信技术发展及细化而产生的专业或单项业务工程，要求专业代号首先套用已有单项工程专业，如GPRS 套用移动通信"YD"，在无合适的专业可套用时可以按规定要求派生，但派生的专业代号要经过单位技术主管（总工程师）批准。

4. 图纸图幅

工程图纸幅面和图框大小应符合国家标准 GB/T 6988.1—2008《电气技术用文件的编制第 1 部分：规则》的规定，应采用 A0、A1、A2、A3、A4 及其 A3、A4 加长的图纸幅面。其相应尺寸见表 2-1-2。

表 2 – 1 – 2　工程图幅尺寸表

代　　号	尺寸/(mm × mm)
A0	841 × 1189
A1	594 × 841
A2	420 × 595
A3	297 × 420
A4	210 × 297

应根据表述对象的规模大小、复杂程度、所要表达的详细程度、有无图衔及注释的数量来选择较小的合适幅面。

A0 ~ A3 图纸横式使用,A4 图纸立式使用;根据表述对象的规模大小、复杂程度、所表达的详细程度、有无图衔及注释的数量来选择较小的合适幅面。

5. 图纸图线

图纸图线的制图要求如表 2 – 1 – 3 所示。

表 2 – 1 – 3　图纸图线表

图线名称	图线型式	一般用途
实线	——————————	基本线条:图纸主要内容用线,可见轮廓线
虚线	- - - - - - - - - -	辅助线条:屏蔽线,机械连接线,不可见轮廓线、计划扩展内容用线
点画线	—·—·—·—·—·—	图框线:表示分界线、结构图框线、功能图框线、分级网框线
双点画线	—··—··—··—	辅助图框线:表示更多的功能组合或从某种图框中区分不属于它的功能部件

(1)图线宽度一般从以下系列中选用:

0. 25 mm,0. 35 mm,0. 5 mm,0. 7 mm,1. 0 mm,1. 4 mm。

(2)通常宜选用两种宽度的图线。粗线的宽度为细线宽度的两倍,主要图线采用粗线,次要图线采用细线。对于复杂的图纸也可采用粗、中、细三种线宽,线的宽度按 2 的倍数依次递增,但线宽种类不宜过多。

(3)使用图线绘图时,应使图形的比例和配线协调恰当,重点突出,主次分明。在同一张图纸上,按不同比例绘制的图样及同类图形的图线粗细应保持一致。

(4)应使用细实线作为最常用的线条。在以细实线为主的图纸上,粗实线应主要用于图纸的图框及需要突出的部分。指引线、尺寸标注线应使用细实线。

(5)当需要区分新安装的设备时,宜用粗线表示新设备,细线表示原有设施,虚线表示规划预留部分。

(6)平行线之间的最小间距不宜小于粗线宽度的两倍,且不得小于 0. 7 mm。

6. 图纸比例

(1)对于平面布置图、管道及光(电)缆线路图、设备加固图及零件加工图等图纸,应按比例绘制;方案示意图、系统图、原理图等可不按比例绘制,但应按工作顺序、线路走向、信息流向排列。

（2）对于平面布置图、线路图和区域规划性质的图纸，宜采用以下比例：

1:10,1:20,1:50,1:100,1:200,1:500,1:1 000,1:2 000,1:5 000,1:10 000,1:50 000 等。

（3）对于设备加固图及零件加工图等图纸宜采用的比例为 1:2,1:4 等。

（4）应根据图纸表达的内容深度和选用的图幅，选择合适的比例。

（5）对于通信线路及管道类的图纸，为了更方便地表达周围环境情况，可采用沿线路方向按一种比例，而周围环境的横向距离宜采用另外的比例，或示意性绘制。

7. 图纸标注

（1）图中的尺寸单位：

标高和管线长度的尺寸单位用米（m）表示，如路由图、立面图标高等。

其他的尺寸单位用毫米（mm）表示，如机房图、机架、设备图、加固图等。

（2）尺寸界线、尺寸线及尺寸起止符号：图样上的尺寸应包括尺寸界线、尺寸线、尺寸起止符号和尺寸数字。

尺寸界线用细实线绘制，两端应画尺寸箭头（斜短线），指到尺寸界线上表示尺寸的起止。统一采用斜短线。

（3）尺寸数字：尺寸数值应顺着尺寸线方向写并符合视图方向。

数值的高度方向应和尺寸线垂直并不得被任何图线过。

（4）有关建筑用尺寸标注：可按 GB/T 2010《建筑制图标准》要求标注。

（5）尺寸数字的排列与布置：尺寸数字依据其读数方向注写在靠近尺寸线的上方中部。

（6）尺寸宜标注在图样轮廓线以外，不宜与图纸、文字及符号等相交。

（7）图线不得穿过尺寸数字，不可避免时，应将尺寸数字处的图线断开。

（8）互相平行的尺寸线，应从被注的图样轮廓由近向远整齐排列，小尺寸应离轮廓线较近，大尺寸应离轮廓线较远。

图纸标注示例如图 2-1-3 所示。

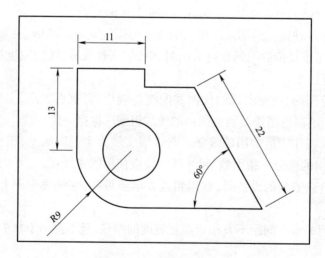

图 2-1-3　图纸标注示例

8. 图纸字体

(1)图中书写的文字均应:字体工整、笔画清晰、排列整齐、间隔均匀。

(2)图中的"技术要求"、"说明"或"注"等字样,应写在具体文字内容的左上方,并使用比文字内容大一号的字体书写。

(3)在图中所涉及数量的数字,均应用阿拉伯数字表示。

(4)字体一般选用"宋体"或"仿宋",同一图纸字体需统一。

9. 图纸图衔

(1)电信工程图纸应有图衔,图衔的位置应在图面的右下角。

(2)电信工程常用标准图衔为长方形,大小宜为 30 mm × 180 mm(高×长)。图衔应包括图名、图号、设计单位名称、相关审校核人等内容。某设计院有限公司图衔如图 2 - 1 - 4 所示。

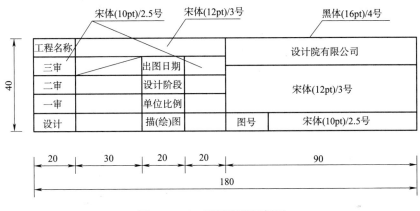

图 2 - 1 - 4　图纸图衔示例图

10. 图上标示风险点

设计人员还要根据《通信建设工程安全生产管理规定》(工信部通信〔2015〕406 号)第七条勘察、设计单位的安全生产责任中第二点:

设计单位应当按照法律、法规和工程建设强制性标准进行设计,防止因设计不合理导致生产安全事故的发生。

设计单位应当考虑施工安全操作和防护的需要,对涉及施工安全的重点部位和环节在设计文件中注明,对防范生产安全事故提出指导意见,并在设计交底环节就安全风险防范措施向施工单位进行详细说明。

必须在每一张施工图纸中,对于存在的安全风险点应该有明显的标识,并在旁边写明应对安全风险的注意事项。

如通信电源安装设备工程安全风险因素:触电风险;强制性条文;业务中断;火灾风险,……

本工程的设计图如图 2 - 1 - 5、图 2 - 1 - 6、图 2 - 1 - 7 所示。

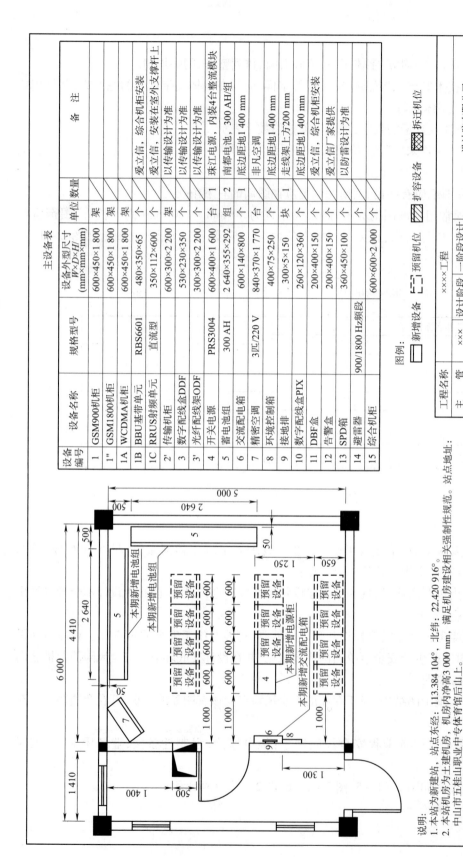

主设备表

设备编号	设备名称	规格型号	设备外型尺寸 $W×D×H$ (mm×mm×mm)	单位	数量	备 注
1	GSM900机柜		600×450×1 800	架		爱立信，综合机柜安装
1''	GSM1800机柜		600×450×1 800	架		爱立信，安装在室外支撑杆上
1A	WCDMA机柜		600×450×1 800	架		以传输设计为准
1B	BBU基带单元	RBS6601	480×350×65	个		以传输设计为准
1C	RRUS射频单元	直流型	350×112×600	个		以传输设计为准
2'	传输机框		600×300×2 200	架		珠江电源，内装4台整流模块
3	数字配线盒DDF		530×230×350	个		南都电池，300 AH/组
3'	光纤配线架ODF		300×300×2 200	个		底边距地1 400 mm
4	开关电源	PRS3004	600×400×1 600	台	1	非凡空调
5	蓄电池组	300 AH	2 640×355×292	组	2	底边距地1 400 mm
6	交流配电箱		600×140×800	个	1	走线架上方200 mm
7	精密空调	3匹/220 V	840×370×1 770	台		底边距地1 400 mm
8	环境控制箱		400×75×250	块	1	爱立信，综合机柜安装
9	接地排		300×5×150	个		爱立信厂家提供
10	数字配线盒PIX		260×120×360	个		以防雷设计为准
11	DBF盒		200×400×150	个		
12	告警盒		200×400×150	个		
13	SPD箱		360×450×100	个		
14	避雷器	900/1800 Hz频段				
15	综合机柜		600×600×2 000	个		

图例：

☐ 新增设备　⊏⊐ 预留机位　▨ 扩容设备　▨ 拆迁机位

工程名称		××××工程			
主　管	×××	××××设计院有限公司			
项目负责人	×××	设计阶段	一阶段设计	××××××× 基站	
审　核	×××	单位比例	mm	×××××××	
绘　图	×××	出图日期	×××××××	机房设备布置平面示意图	
设　计	×××			图号 ×××××××××S-YDW-ZS-W5085-01	

说明：
1. 本站为新建站，站点东经：113.384 104°，北纬：22.420 916°。
2. 本站机房为土建机房，机房内净高3 000 mm，满足机房建设相关强制性规范。站点地址：
中山市五桂山职业中专体育馆后山上。
3. 本机房为非专用通信机房，建设单位必须委托有关土建设计部门核实本基站机房负荷，如
不满足要求，需采取相应的加固措施，必须在满足设备负荷要求后方可安装设备。
4. 本基站采用架立式电信设备高于2.0 m的，顶部和底部都应做加固处理。

图 2-1-5　W基站电源设备安装工程主设备安装图

通信工程制图与识图

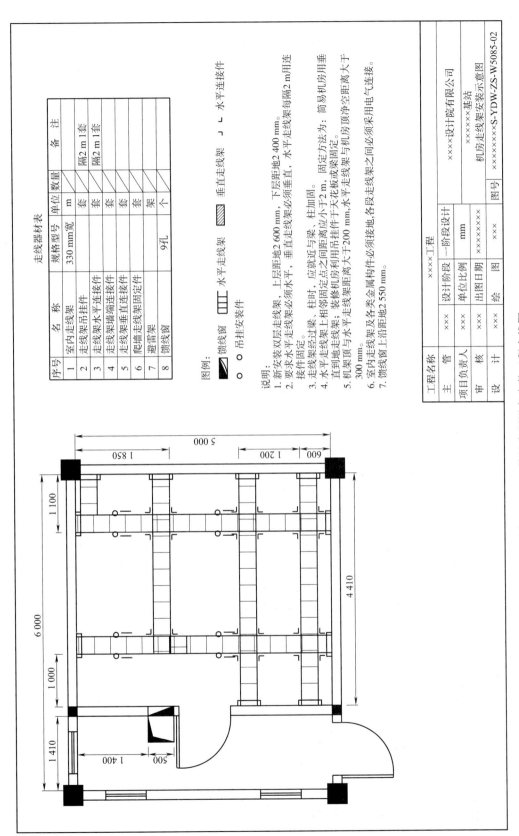

走线器材表

序号	名 称	规格型号	单位	数量	备 注
1	室内走线架	330 mm宽	m		
2	走线架吊挂件		套		隔2 m 1套
3	走线架水平连接件		套		隔2 m 1套
4	走线架墙端连接件		套		
5	走线架垂直连接件		套		
6	爬墙走线架固定件		套		
7	避雷架		架		
8	馈线窗	9孔	个		

图例：

▨ 馈线窗　⬜ 水平走线架　▨ 垂直走线架　⌐ 水平连接件

○ ○ 吊挂安装件

说明：

1. 新安装双层走线架，上层距地2 600 mm，下层距地2 400 mm。
2. 要求水平走线架必须水平，垂直走线架必须垂直，水平走线架每隔2 m用连接件固定。
3. 走线架经过梁、柱时，应就近与梁、柱加固。
4. 水平走线架上相邻固定点之间距离应小于2 m，固定方法为：简易机房用垂直到地走线架固定，装修机房利用吊挂件于天花板或梁固定。
5. 机架顶与水平走线架距离大于200 mm，水平走线架顶净空距离大于300 mm。
6. 室内走线架及各类金属构件必须接地，各段走线架之间必须采用电气连接。
7. 馈线窗上沿距地2 550 mm。

工程名称		×××工程			
主 管	×××	设计阶段	一阶段设计		×××××设计院有限公司
项目负责人	×××	单位比例	mm		×××××基站
审 核	×××	出图日期	×××××××		机房走线架安装示意图
设 计	×××	绘 图	×××	图号	×××××××S-YDW-ZS-W5085-02

图 2-1-6　W基站电源设备安装工程走线图

第二部分　信息通信建设工程设计和施工图

线缆明细表

线缆编号	线缆路由 由	线缆路由 到	线缆类型	导线规格型号 mm²	线缆数量/条	单根长度 m	合计/ m	敷设方式
001	交流配电箱	保护地排	接地线	ZA-RVV-1×35	1	1	1	走线槽
002	交流配电箱	开关电源	电源线	ZA-RVV-4×16	1	5	5	联通提供
003	开关电源	等地地排	接地线	ZA-RVV-1×70	1	2	2	联通提供
004	开关电源	等地位排	接地线	ZA-RVV-1×35	1	2	2	联通提供
005	开关电源	电池组1	电源线	ZA-RVV-1×95	2	11	22	联通提供
006	开关电源	电池组2	电源线	ZA-RVV-1×95	2	11	22	联通提供
007	电池组柜(架)	等地位排	电源线	ZA-RVV-1×16	2	3	6	联通提供
008	SPD箱	保护地排	电源线	ZA-RVV-1×35				厂家提供
009	开关电源	SPD箱	电源线	ZA-RVV-1×16				厂家提供
010	SPD箱	WCDMA BBU	电源线	ZA-RVV-2×4				厂家提供
011	WCDMA BBU	爱立信DBF	2M线					厂家提供
012	传输DDF	爱立信DBF	2M线					厂家提供
013	WCDMA BBU	等地位排	接地线	ZA-RVV-1×35				厂家提供
014	爱立信DBF	等地位排	接地线	ZA-RVV-1×35				厂家提供
015	综合机柜	等地位排	接地线	ZA-RVV-1×35				联通提供

图例： —— 电源线　—— 传输线　—— 信号线　---- 接地线　○ 下线点

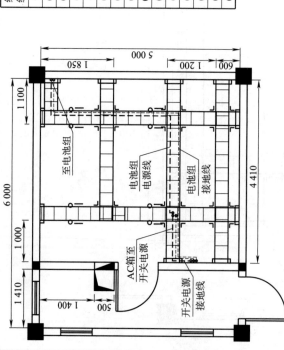

工程名称			××××工程				×××××设计院有限公司
主　管	×××	设计阶段	×××	一阶段设计			×××××工程
项目负责人	×××	单位比例	×××	mm	××××××××		基站
审　核	×××	出图日期	×××	××××××××			线缆路由示意图
设　计	×××	绘　图	×××	图号	××××××××S-YDW-ZS-W5085-03		

说明：
1. 电力线、信号线的布放应符合有关安装规范，施工中应尽量将电力、线信号线分开布放，分孔洞敷设；必须同孔同槽交叉时，要采取可靠的隔离措施，电力线与信号线不能捆扎在一起；所有与设备相连的接线缆要求接触触良好，不能有松动现象。
2. 无线设备相关垂直走线时，1/2馈线居左侧，电力线靠右侧，传输线靠左侧，传输电力线与信号线发生交叉重叠，在交叉重叠处分别与电源线直走线架进行绑扎，固定，直径25 mm），做好隔离处理。
3. 至电源内多条电调线盘放在图中所示位置上层走线架上，电调头则沿垂直走线架引下至离地1 400 mm。

图 2-1-7　W基站电源设备安装工程线缆路由图

任务4 计算主要工程量

当设计图绘制完成后,首先计算本工程主要工程量。计算工程量一般依据施工前后顺序,也就是从《信息通信建设工程预算定额》第一册通信电源设备安装工程第一章开始计算到第七章结束,这样计算不会漏项。W基站电源设备安装工程的工程量统计表如表2-1-4所示。另外工程量的单位是定额"单位",这点需要注意。

表2-1-4 工程量统计表

序 号	项 目 名 称	单 位	数 量
1	安装蓄电池抗震架(单层单列)	m	
2	安装蓄电池抗震架(单层双列)	m	5.28
3	安装蓄电池抗震架(双层单列)	m	
4	安装蓄电池抗震架(双层双列)	m	
5	每增加一层或一列	m	
6	安装48 V蓄电池组(200 A·h以下)	组	
7	安装48 V蓄电池组(600 A·h以下)	组	2
8	安装48 V蓄电池组(1 000 A·h以下)	组	
9	安装48 V蓄电池组(1 500 A·h以下)	组	
10	安装48 V蓄电池组(2 000 A·h以下)	组	
11	安装48 V蓄电池组(3 000 A·h以下)	组	
12	安装500 V以下铅酸蓄电池组(200 A·h以下)	组	
13	安装锂电池(100 A·h以下)	组	
14	蓄电池补充电	组	
15	蓄电池容量试验(48 V以下直流系统)	组	2
16	蓄电池容量试验(500 V以下直流系统)	组	
17	安装、调试交流不间断电源(10 kV·A以下)	台	
18	安装、调试交流不间断电源(30 kV·A以下)	台	
19	安装、调试交流不间断电源(60 kV·A以下)	台	
20	安装组合式开关电源(300 A以下)	架	
21	安装组合式开关电源(600 A以下)	架	1
22	安装开关电源架(1200 A以下)	架	
23	安装开关电源架(1200 A以上)	架	
24	安装高频开关整流模块(50 A以下)	个	
25	安装高频开关整流模块(100 A以下)	个	
26	安装一体化开关电源柜(落地式)	台	
27	安装一体化开关电源柜(壁挂式)	台	
28	开关电源系统调测	系统	1
29	安装落地式交、直流配电屏	台	

序　号	项　目　名　称	单　位	数　量
30	安装墙挂式交、直流配电箱	台	1
31	安装过压保护装置/防雷箱	套	
32	配电系统自动性能调测	系统	1
33	安装直流远供电局端模块	个	
34	安装直流远供电远端模块(壁挂安装)	个	
35	安装直流远供电远端模块(挂杆安装)	个	
36	直流远供电系统调试	系统	
37	安装与调试机房专用空调(制冷量 40 kW 以下)	台	
38	安装与调试机房专用空调(制冷量 40 kW 以上)	台	
39	安装与调试通用空调(壁挂式)	台	
40	安装与调试通用空调(立式)	台	
41	室内布放电力电缆(16 mm² 以下)	十米条	3.2
42	室内布放电力电缆(35 mm² 以下)	十米条	0.3
43	室内布放电力电缆(70 mm² 以下)	十米条	0.2
44	室内布放电力电缆(120 mm² 以下)	十米条	4.4
45	室内布放电力电缆(185 mm² 以下)	十米条	
46	室内布放电力电缆(240 mm² 以下)	十米条	
47	直埋布放电力电缆(16 mm² 以下)	十米条	
48	直埋布放电力电缆(35 mm² 以下)	十米条	
49	直埋布放电力电缆(70 mm² 以下)	十米条	
50	直埋布放电力电缆(120 mm² 以下)	十米条	
51	室外布放电力电缆(16 mm² 以下)	十米条	
52	室外布放电力电缆(35 mm² 以下)	十米条	
53	室外布放电力电缆(70 mm² 以下)	十米条	
54	室外布放电力电缆(120 mm² 以下)	十米条	
55	室外布放电力电缆(185 mm² 以下)	十米条	
56	室外布放电力电缆(240 mm² 以下)	十米条	
57	室外布放电力电缆(500 mm² 以下)	十米条	
58	安装室内接地排	个	1
59	安装梯式电缆桥架(宽度 300 mm 以下)	m	
60	安装梯式电缆桥架(宽度 600 mm 以下)	m	
61	安装水平吊挂	个	
62	开挖墙洞	处	
63	制作抗震机座	个	
64	安装抗震机座	个	

任务5 计算主要设备材料

需要安装2组 – 48 V/500 AH 蓄电池组。1套380 V/60 A 交流配电屏,1套 – 48 V/600 A 整流柜。项目需要的主要设备材料如表 2 – 1 – 5 所示。

表 2 – 1 – 5 工程所需主要设备材料表

序 号	名 称	规格程式	单 位	数 量
I	II	III	IV	V
1	交流配电屏	380 V/60 A	套	1
2	整流柜	– 48 V/600 A	套	1
3	监控模块		个	
4	整流模块	– 48 V/100 A	个	
5	整流柜与直流柜间内并机连接排组件		个	
6	整流柜用交流电缆 3.5 m		组	
7	直流配电屏	– 48 V/2 500 A	面	
8	蓄电池组	– 48 V/500 AH	组	2
9	空调配电柜	380 V/400 A	面	

任务6 制作预算表一至表五

(1)提供电源预算表一至表五的 PDF 文档(见表 1 – 5 – 29 至表 1 – 5 – 38)。

(2)让学生用 Excel 办公软件编制转换成预算表一至表五的 Excel 文档,并达到表内数据自动计算、自动链接、表间数据自动链接、全套预算表自动生成的目的。

学生完成任务6的目的:

(1)让学生熟悉《信息通信建设工程概预算编制规程》《信息通信建设工程费用定额》。

(2)让学生熟悉用 Excel 办公软件解决工作中大量数据统计、计算问题。

任务7 编制预算表三甲、乙、丙

从本任务开始,就进入预算阶段了,首先编制预算表三甲、乙、丙。也就是《建筑安装工程量预算表(表三)甲》《建筑安装工程机械使用费预算表(表三)乙》《建筑安装工程仪器仪表使用费预算表(表三)丙》。

在编制预算表三甲、乙、丙中,要学会使用《信息通信建设工程预算定额》对应的册及《信息通信建设工程施工机械、仪表台班单价》。

计算电源工程量主要套用《信息通信建设工程预算定额》第一册通信电源设备安装工程内容。

预算表中的单位是定额单位。数量的来源是任务4中数据。

(1)《建筑安装工程量预算表(表三)甲》各工序工程量计算如下:

①安装蓄电池抗震架(单层双列)工日计算表,见表 2 – 1 – 6。

表 2 - 1 - 6 安装蓄电池抗震架(单层双列)工日计算表

序号	定额编号	项目名称	单位	数量	单位定额值/工日		合计值/工日	
					技工	普工	技工	普工
1	TSD3 - 002	安装蓄电池抗震架(单层双列)	m	5.28	0.55		2.90	

定 额 编 号		TSD3 - 001	TSD3 - 002	TSD3 - 003	TSD3 - 004	TSD3 - 005
项 目		安装蓄电池抗震架(列长)				
		单层单列	单层双列	双层单列	双层双列	每增加一层或一列
定 额 单 位		m				
名 称	单位	数 量				
人工 技 工	工日	0.34	0.55	0.69	0.89	0.40
普 工	—	—	—			
主要材料						
机械						
仪表						

②安装 48 V 蓄电池组(600 A·h 以下)工日计算表如表 2 - 1 - 7 所示。

表 2 - 1 - 7 安装 48 V 蓄电池组(600 A·h 以下)工日工日计算表

序号	定额编号	项目名称	单位	数量	单位定额值/工日		合计值/工日	
					技工	普工	技工	普工
2	TSD3 - 014	安装 48 V 蓄电池组(600 Ah 以下)	组	2	5.36		10.72	

定 额 编 号		TSD3 - 013	TSD3 - 014	TSD3 - 015	TSD3 - 016	TSD3 - 017	TSD3 - 018	TSD3 - 019
项 目		安装 48 V 铅酸蓄电池组						
		200 A·h 以下	600 A·h 以下	1 000 A·h 以下	1 500 A·h 以下	2 000 A·h 以下	3 000 A·h 以下	3 000 A·h 以上
定 额 单 位		组						
名 称	单位	数 量						
人工 技 工	工日	3.03	5.36	7.70	9.85	12.51	14.99	17.28
普 工	工日	—	—	—	—	—	—	—
主要材料								
机械 叉式装载车(3 t)	台班	—	—	—	0.30	0.50	0.80	0.80
仪表								

③蓄电池容量试验(48 V以下直流系统)计算表2-1-8所示。

表2-1-8 蓄电池容量试验(48 V以下直流系统)工日计算表

序号	定额编号	项目名称	单位	数量	单位定额值/工日		合计值/工日	
					技工	普工	技工	普工
3	TSD3-036	蓄电池容量试验(48 V以下直流系统)	组	2	7.00		14.00	

定 额 编 号			TSD3-034	TSD3-035	TSD3-036	TSD3-037
项 目			蓄电池补充电	蓄电池容量试验		
				24 V以下直流系统	48 V以下直流系统	500 V以下直流系统
定 额 单 位			组			
名 称		单位	数 量			
人工	技 工	工日	3.00	5.00	7.00	9.00
	普 工	工日	—	—	—	—
主材						
机械						
仪表	智能放电测试仪	台班	—	1.20	1.20	1.20
	直流钳形电流表	台班	—	1.20	1.20	1.20

④安装组合式开关电源(600 A以下)工日计算表2-1-9所示。

表2-1-9 安装组合式开关电源(600 A以下)工日计算表

序号	定额编号	项目名称	单位	数量	单位定额值/工日		合计值/工日	
					技工	普工	技工	普工
4	TSD3-065	安装组合式开关电源(600 A以下)	架	1	6.16		6.16	

定 额 编 号			TSD3-064	TSD3-065	TSD3-066	TSD3-067	TSD3-068	TSD3-069
项 目			安装组合式开关电源①			安装开关电源架		
			300 A以下	600 A以下	600 A以上	600 A以下	1 200 A以下	1 200 A以上
定 额 单 位			架					
名 称		单位	数 量					
人工	技 工	工日	5.52	6.16	6.90	5.60	6.89	8.10
	普 工	工日	—	—	—	—	—	—
主要材料								
机械								

注:①高压直流系统可参照"安装组合式形式关电源"子目,人工消耗量乘系数1.2计取。

⑤开关电源系统调测工日计算表2-1-10所示。

表2-1-10　开关电源系统调测工日计算表

序号	定额编号	项目名称	单位	数量	单位定额值/工日		合计值/工日	
					技工	普工	技工	普工
5	TSD3-076	开关电源系统调测	系统	1	4.00		4.00	

定额编号			TSD3-070	TSD3-071	TSD3-072	TSD3-073	TSD3-074	TSD3-075	TSD3-076
项　目			安装高频开关整流模块①			安装一体化开关电源柜		电源系统绝缘调试	开关电源系统调试
			50 A以下	100 A以下	100 A以上	落地式	壁挂式		
定额单位			个			台			系统
名称		单位	数　量						
人工	技工	工日	1.12	1.44	1.86	2.80	4.10	2.20	4.00
	普工	工日	—	—	—	—	—	—	—
主要材料									
机械									
仪表	手持式多功能万用表	台班	—	—	—	—	—	0.20	0.20
	绝缘电阻测试仪	台班	—	—	—	—	—	0.20	0.20
	数字式杂音计	台班	—	—	—	—	—	—	0.20

注：①安装高频开关整流模块定额适用于扩容工程。

⑥安装墙挂式交、直流配电箱工日计算表2-1-11所示。

表2-1-11　安装墙挂式交、直流配电箱工日计算表

序号	定额编号	项目名称	单位	数量	单位定额值/工日		合计值/工日	
					技工	普工	技工	普工
6	TSD3-078	安装墙挂式交、直流配电箱	台	1	1.42		1.42	

定额编号			TSD3-077	TSD3-078	TSD3-079	TSD3-080	TSD3-081	TSD3-082
项　目			安装落地式交、直流配电屏	安装墙挂式交、直流配电箱	安装过压保护装置/防雷箱	安装变换器组合机架①	安装变换器	配电系统自动性能调测
定额单位			台		套	台	个	系统
名称		单位	数　量					
人工	技工	工日	2.15	1.42	1.42	1.81	0.53	4.00
	普工	工日	—	—	—	—	—	—
主要材料								
机械	交流弧焊机（21 kV·A）	台班	0.10	—	—	—	—	—
仪表								

注：①变换器组合机架的安装是指不含变换器模块的机架安装内容，变换器模块的安装单独套用定额计算。

⑦配电系统自动性能调测工日计算表2-1-12所示。

表2-1-12 配电系统自动性能调测工日计算表

序号	定额编号	项目名称	单位	数量	单位定额值/工日		合计值/工日	
					技工	普工	技工	普工
7	TSD3-082	配电系统自动性能调测	系统	1	4.00		4.00	

定 额 编 号		TSD3-077	TSD3-078	TSD3-079	TSD3-080	TSD3-081	TSD3-082
项　　　目		安装落地式交、直流配电屏	安装墙挂式交、直流配电箱	安装过压保护表置/防雷箱	安装变换器组合机架①	安装变换器	配电系统自动性能调测
定 额 单 位		台	台	套	台	个	系统
名　称	单位	数　　　量					
人工	技　工	工日	2.15	1.42	1.42	1.81	0.53	4.00
	普　工	工日	—	—	—	—	—	—
主要材料								
机械	交流弧焊机(21 kV·A)	台班	0.10					
仪表								

注:①变换器组合机架的安装是指不含变换器模块的机架安装内容,变换器模块的安装单独套用定额计算。

⑧室内布放电力电缆(16 mm² 以下)工日计算表2-1-13所示。

表2-1-13 室内布放电力电缆(16 mm² 以下)工日计算表

序号	定额编号	项目名称	单位	数量	单位定额值/工日		合计值/工日	
					技工	普工	技工	普工
8	TSD5-021	室内布放电力电缆(16 mm² 以下)	十米条	3.2	0.15		0.48	

定 额 编 号		TSD5-021	TSD5-022	TSD5-023	TSD5-024	TSD5-025	TSD5-026	TSD5-027
项　　　目		室内布放电力电缆(单芯相线截面积)①						
		16 mm² 以下	35 mm² 以下	70 mm² 以下	120 mm² 以下	185 mm² 以下	240 mm² 以下	500 mm² 以下
定 额 单 位		十米条						
名　称	单位	数　　　量						
人工	技　工	工日	0.15	0.20	0.29	0.34	0.41	0.55	0.83
	普　工	工日	—	—	—	—	—	—	—
主要材料	电力电缆	m	10.15	10.15	10.15	10.15	10.15	10.15	10.15
机械									
仪表	绝缘电阻测试仪	台班	0.10	0.10	0.10	0.10	0.10	0.10	0.10

注:①对于2芯电力电缆的布放,按单芯相应工日乘以系数1.1计取;对于3芯及3+1芯电力电缆的布放,按单芯相应工日乘以系数1.3计取;对于5芯电力电缆的布放,按单芯相应工日乘以系数1.5计取。

⑨室内布放电力电缆(35 mm² 以下)工日计算表 2 - 1 - 14 所示。

表 2 - 1 - 14　室内布放电力电缆(35 mm² 以下)工日计算表

序号	定额编号	项目名称	单位	数量	单位定额值/工日		合计值/工日	
					技工	普工	技工	普工
9	TSD5 - 022	室内布放电力电缆(35 mm² 以下)	十米条	0.3	0.20		0.06	

定额编号			TSD5 - 021	TSD5 - 022	TSD5 - 023	TSD5 - 024	TSD5 - 025	TSD5 - 026	TSD5 - 027
项目			室内布放电力电缆(单芯相线截面积)①						
			16 mm² 以下	35 mm² 以下	70 mm² 以下	120 mm² 以下	185 mm² 以下	240 mm² 以下	500 mm² 以下
定额单位			十米条						
名称		单位	数量						
人工	技工	工日	0.15	0.20	0.29	0.34	0.41	0.55	0.83
	普工	工日	—	—	—	—	—	—	—
主要材料	电力电缆	m	10.15	10.15	10.15	10.15	10.15	10.15	10.15
机械									
仪表	绝缘电阻测试仪	台班	0.10	0.10	0.10	0.10	0.10	0.10	0.10

注:①对于 2 芯电力电缆的布放,按单芯相应工日乘以系数 1.1 计取;对于 3 芯及 3 + 1 芯电力电缆的布放,按单芯相应工日乘以系数 1.3 计取;对于 5 芯电力电缆的布放,按单芯相应工日乘以系数 1.5 计取。

⑩室内布放电力电缆(70 mm² 以下)工日计算表 2 - 1 - 15 所示。

表 2 - 1 - 15　室内布放电力电缆(70 mm² 以下)工日计算表

序号	定额编号	项目名称	单位	数量	单位定额值/工日		合计值/工日	
					技工	普工	技工	普工
10	TSD5 - 023	室内布放电力电缆(70 mm² 以下)	十米条	0.2	0.29		0.06	

定额编号			TSD5 - 021	TSD5 - 022	TSD5 - 023	TSD5 - 024	TSD5 - 025	TSD5 - 026	TSD5 - 027
项目			室内布放电力电缆(单芯相线截面积)①						
			16 mm² 以下	35 mm² 以下	70 mm² 以下	120 mm² 以下	185 mm² 以下	240 mm² 以下	500 mm² 以下
定额单位			十米条						
名称		单位	数量						
人工	技工	工日	0.15	0.20	0.29	0.34	0.41	0.55	0.83
	普工	工日	—	—	—	—	—	—	—
主要材料	电力电缆	m	10.15	10.15	10.15	10.15	10.15	10.15	10.15
机械									
仪表	绝缘电阻测试仪	台班	0.10	0.10	0.10	0.10	0.10	0.10	0.10

注:①对于 2 芯电力电缆的布放,按单芯相应工日乘以系数 1.1 计取;对于 3 芯及 3 + 1 芯电力电缆的布放,按单芯相应工日乘以系数 1.3 计取;对于 5 芯电力电缆的布放,按单芯相应工日乘以系数 1.5 计取。

⑪室内布放电力电缆(120 mm² 以下)工日计算表 2-1-16 所示。

表 2-1-16　室内布放电力电缆(120 mm² 以下)工日计算表

序号	定额编号	项目名称	单位	数量	单位定额值/工日		合计值/工日	
					技工	普工	技工	普工
11	TSD5-024	室内布放电力电缆(120 mm² 以下)	十米条	4.4	0.34		1.50	

定额编号			TSD5-021	TSD5-022	TSD5-023	TSD5-024	TSD5-025	TSD5-026	TSD5-027
项目			室内布放电力电缆(单芯相线截面积)①						
			16 mm²以下	35 mm²以下	70 mm²以下	120 mm²以下	185 mm²以下	240 mm²以下	500 mm²以下
定额单位			十米条						
名称		单位	数量						
人工	技工	工日	0.15	0.20	0.29	0.34	0.41	0.55	0.83
	普工	工日	—	—	—	—	—	—	—
主要材料	电力电缆	m	10.15	10.15	10.15	10.15	10.15	10.15	10.15
机械									
仪表	绝缘电阻测试仪	台班	0.10	0.10	0.10	0.10	0.10	0.10	0.10

注：①对于 2 芯电力电缆的布放，按单芯相应工日乘以系数 1.1 计取；对于 3 芯及 3+1 芯电力电缆的布放，按单芯相应工日乘以系数 1.3 计取；对于 5 芯电力电缆的布放，按单芯相应工日乘以系数 1.5 计取。

⑫安装室内接地排工日计算表 2-1-17 所示。

表 2-1-17　安装室内接地排工日计算表

序号	定额编号	项目名称	单位	数量	单位定额值/工日		合计值/工日	
					技工	普工	技工	普工
12	TSD6-011	安装室内接地排	个	1	0.69		0.69	

定额编号			TSD6-011	TSD6-012	TSD6-013	TSD6-014	TSD6-015
项目			安装室内接地排	敷设室内接地母线	敷设室外接地母线	接地跨接线	接地网电阻测试
定额单位			个	10 m		十处	组
名称		单位	数量				
人工	技工	工日	0.69	1.00	2.29	—	—
	普工	工日	—	—	—	—	—
主要材料	接地母线	m	—	10.10	10.10	—	—
	地线排	个	1.01	—	—	—	—
机械	交流弧焊机(21 kV·A)	台班	0.11	0.04	2.20		
仪表	接地电阻测试仪	台班	—				0.20

⑬表三甲总工日见表 2-1-18。

表 2-1-18　建筑安装工程量预算表(表三)甲

序号	定额编号	项目名称	单位	数量	单位定额值/工日		合计值/工日	
					技工	普工	技工	普工
1	TSD3-002	安装蓄电池抗震架(单层双列)	m	5.28	0.55		2.90	
2	TSD3-014	安装48 V蓄电池组(600 A·h以下)	组	2	5.36		10.72	
3	TSD3-036	蓄电池容量试验(48 V以下直流系统)	组	2	7.00		14.00	
4	TSD3-065	安装组合式开关电源(600 A以下)	架	1	6.16		6.16	
5	TSD3-076	开关电源系统调测	系统	1	4.00		4.00	
6	TSD3-078	安装墙挂式交、直流配电箱	台	1	1.42		1.42	
7	TSD3-082	配电系统自动性能调测	系统	1	4.00		4.00	
8	TSD5-021	室内布放电力电缆(16 mm² 以下)	十米条	3.2	0.15		0.48	
9	TSD5-022	室内布放电力电缆(35 mm² 以下)	十米条	0.3	0.20		0.06	
10	TSD5-023	室内布放电力电缆(70 mm² 以下)	十米条	0.2	0.29		0.06	
11	TSD5-024	室内布放电力电缆(120 mm² 以下)	十米条	4.4	0.34		1.50	
12	TSD6-011	安装室内接地排	个	1	0.69		0.69	
		总　　计					45.99	

(2)《建筑安装工程机械使用费预算表(表三)乙》计算如下:

说明:预算定额中给出了该项目(工序)机械台班消耗量,台班单价根据《信息通信建设工程施工机械、仪表台班单价》(一、信息通信建设工程施工机械台班单价)中机械名称查找对应的单价。建筑安装工程机械使用费预算表(表三)乙见表 2-1-19。

表 2-1-19　建筑安装工程机械使用费预算表(表三)乙

序号	定额编号	项目名称	单位	数量	机械名称	单位定额值		合计值	
						数量/台班	单价/元	数量/台班	合价/元
I	II	III	IV	V	VI	VII	VIII	IX	X
1	TSD3-016	安装48 V蓄电池组(1500 A·h以下)	组	2	叉式装载车(3 t)	0.30	374	0.60	224.40
2	TSD3-017	安装48 V蓄电池组(2000 A·h以下)	组		叉式装载车(3 t)	0.50	374	0.00	0.00
3	TSD3-018	安装48 V蓄电池组(3000 A·h以下)	组		叉式装载车(3 t)	0.80	374	0.00	0.00
4	TSD3-077	安装落地式交、直流配电屏	台		交流弧焊机(21 kV·A)	0.10	120	0.00	0.00
5	TSD4-001	安装与调试机房专用空调(制冷量40 kW以下)	台		真空泵	1.00	137	0.00	0.00
6	TSD4-002	安装与调试机房专用空调(制冷量40 kW以上)	台		真空泵	1.00	137	0.00	0.00
7	TSD7-007	安装水平吊挂	个		交流弧焊机(21 kV·A)	0.02	120	0.00	0.00
		总　　计							224.40

(3)《建筑安装工程仪器仪表使用费预算表(表三)丙》计算如下:

说明:预算定额中给出了该项目(工序)仪表台班数量,台班单价在《信息通信建设工程施工机械、仪表台班单价》(二、信息通信建设工程仪表台班单价)中仪表名称查找对应的单价。由于本次工程没用到仪器仪表台班,建筑安装工程仪器仪表使用费预算表(表三)丙见表2-1-20。

表2-1-20 建筑安装工程仪器仪表使用费预算表(表三)丙

序号	定额编号	项目名称	单位	数量	仪表名称	单位定额值		合计值	
						数量/台班	单价/元	数量/台班	单价/元
I	II	III	IV	V	VI	VII	VIII	IX	X
1									
2									
3									

任务8 编制预算表四设备、材料

(1)学会使用《信息通信建设工程费用定额》,掌握不同器材运杂费套用对应的运杂费率、不同工程专业套用对应的采购及保管费率。

(2)设备价格、材料价格以建设单位提供的合同为准。

(3)特别注意主材变设备的掌握:

①通信线路工程和输送管道工程所使用的电缆、光缆和构成管道工程主体的防腐管段、管件(弯头、三通、冷弯管、绝缘接头)、清管器、收发球筒、机泵、加热炉、金属容器等物品均属于设备,其价值不包括在工程的计税营业额中。

其他建筑安装工程的计税营业额也不应包括设备价值,具体设备名单可由省级地方税务机关根据各自实际情况列举。

②工信部规〔2003〕13号文件《关于通信线路工程中电缆、光缆费用计列有关问题的通知》:各单位仅在编制通信工程概预算计算税金时,将光缆、电缆的费用从直接工程费中核减。编制通信工程概预算的其他规则暂不做变动。

主材变设备涉及监理计费额,设备费打四折的问题,从上述文件中得知,只有工程中光缆、电缆才可以变为设备,进入表四设备表,见表2-1-21和表2-1-22。

表2-1-21 国内器材预算表(表四)甲
(国内主材表)

序号	名称	规格程式	单位	数量	单价/元			合计/元			备注
					除税价	增值税	含税价	除税价	增值税	含税价	
I	II	III	IV	V	VI	VII	VIII	IX	X	XI	XII
	电缆类材料:										
1	电力电缆	RVVZ-1×120	m		0.00	0.00	0.00	0.00	0.00		
2	电力电缆	RVVZ-1×185	m		0.00	0.00	0.00	0.00	0.00		
3	电力电缆	RVVZ-1×240	m		0.00	0.00	0.00	0.00	0.00		

序号	名 称	规格程式	单位	数量	单价/元 除税价	增值税	含税价	合计/元 除税价	增值税	含税价	备注
4	电力电缆	RVVZ－1×95	m	44	40.00	6.80	46.80	1 760.00	299.20	2 059.20	
5	电力电缆	RVVZ－1×35	m	3	26.00	4.42	30.42	78.00	13.26	91.26	
6	电力电缆	RVVZ－4×16	m	5	50.00	8.50	58.50	250.00	42.50	292.50	
7	电力电缆	RVVZ－1×70	m	2	35.00	5.95	40.95	70.00	11.90	81.90	
8	电力电缆	RVVZ－1×16	m	22	18.00	3.06	21.06	396.00	67.32	463.32	
	合计1							2 554.00	434.18	2 988.18	
	其他类材料：										
9	铜接线端子	DT－185 mm²	个		0.00	0.00		0.00	0.00	0.00	
10	铜接线端子	DT－120 mm²	个		0.00	0.00		0.00	0.00	0.00	
11	铜接线端子	DT－240 mm²	个		0.00	0.00		0.00	0.00	0.00	
12	铜接线端子	DT－35 mm²	个	4	5.00	0.85	5.85	20.00	3.40	23.40	
13	铜接线端子	DT－16 mm²	个	12	2.00	0.34	2.34	24.00	4.08	28.08	
14	接地排		个	1	400.00	68.00	468.00	400.00	68.00	468.00	
15	铜接线端子	DT－95 mm²	个	8	8.00	1.36	9.36	64.00	10.88	74.88	
16	铜接线端子	DT－70 mm²	个	2	6.00	1.02	7.02	12.00	2.04	14.04	
	合计2							520.00	88.40	608.40	
	合 计							3 074.00	522.58	3 596.58	

表 2－1－22　国内器材预算表(表四)甲
(国内设备表)

序号	名称	规格程式	单位	数量	单价/元 除税价	增值税	含税价	合计/元 除税价	增值税	含税价	备注
Ⅰ	Ⅱ	Ⅲ	Ⅳ	Ⅴ	Ⅵ	Ⅶ	Ⅷ	Ⅸ	Ⅹ	Ⅺ	Ⅻ
1	交流配电屏	380 V/60 A	套	1	3 000.00	510.00	3 510.00	3 000.00	510.00	3 510.00	
2	整流柜	－48 V/600 A	套	1	15 000.00	2 550.00	17 550.00	15 000.00	2 550.00	17 550.00	
3	监控模块		个		0.00	0.00		0.00	0.00	0.00	
4	整流模块	－48 V/100 A	个		0.00	0.00		0.00	0.00	0.00	
5	整流柜与直流柜间内并机连接排组件		个		0.00	0.00		0.00	0.00	0.00	
6	整流柜用交流电缆3.5 米		组		0.00	0.00		0.00	0.00	0.00	
7	直流配电屏	－48 V/2500 A	面		0.00	0.00		0.00	0.00	0.00	
8	蓄电池组	－48 V/(500 A·h)	组	2	12 000.00	2 040.00	14 040.00	24 000.00	4 080.00	28 080.00	
9	空调配电柜	380 V/400 A	面								
10					0.00	0.00		0.00	0.00	0.00	
	小 计							42 000.00	7 140.00	49 140.00	
	合 计							42 000.00	7 140.00	49 140.00	

任务9 编制预算表二

编制预算表二也就是《建筑安装工程费用预算表(表二)》,主要是让学生熟悉并熟练使用《信息通信建设工程费用定额》。该表也简称"建安费",直接与施工单位的结算费用关联。

《建筑安装工程费用预算表(可表二)》是组成工程总价值的一部分,同时也是设计院、监理公司计费额的一部分。根据任务7可知,施工单位投标降点主要体现在《建筑安装工程量预算表(表三)甲》工日下浮中,其工日直接与《建筑安装工程费用预算表(表二)》(见表2-1-23)关联。

表2-1-23　建筑安装工程费用预算表(表二)(未下浮)

序号	费用名称	依据和计算算法	合计/元	序号	费用名称	依据和计算算法	合计/元
Ⅰ	Ⅱ	Ⅲ	Ⅳ	Ⅰ	Ⅱ	Ⅲ	Ⅳ
	建安工程费(含税)	一+二+三+四	15 328.45	6	工程车辆使用费	人工费×2.2%	115.34
	建安工程费(除税)	一+二+三	13 643.25	7	夜间施工增加费	人工费×2.1%	110.10
一	直接费	(一)+(二)	9 392.00	8	冬雨季施工增加费	不计取	0.00
(一)	直接工程费	1+2+3+4	8 694.73	9	生产工具用具使用费	人工费×0.8%	41.94
1	人工费	技工费+普工费	5 242.63	10	施工用水电蒸气费	不计取	
[1]	技工费	技工总工日×114元/工日	5 242.63	11	特殊地区施工增加费	不计取	
[2]	普工费	普工总工日×61元/工日		12	已完工程及设备保护费	不计取	
2	材料费	(1)+(2)	3 227.70	13	运土费	不计取	
[1]	主要材料费	国内主材费+引进主材费	3 074.00	14	施工队伍调遣费	单程调遣费定额×调遣人数×2	0.00
[2]	辅助材料费	国内×5.00%	153.70	15	大型施工机械调遣费	调遣用车运价×调遣运距×2,不计取	
3	机械使用费	机械台班单价×机械台班量	224.40	二	间接费	(一)+(二)	3 202.72
4	仪表使用费	仪表台班单价×仪表台班量	0.00	(一)	规费	1+2+3+4	1 766.24
(二)	措施项目费	1+2+3+…+15	697.27	1	工程排污费	不计取	
1	文明施工费	人工费×0.8%	41.94	2	社会保障费	人工费×28.5%	1 494.15
				3	住房公积金	人工费×4.19%	219.67
2	工地器材搬运费	人工费×1.1%	57.67	4	危险作业意外伤害保险费	人工费×1%	52.43
3	工程干扰费	不计取		(二)	企业管理费	人工费×27.4%	1 436.48
4	工程点交、场地清理费	人工费×2.5%	131.07	三	利润	人工费×20%	1048.53
5	临时设施费	人工费×3.8%	199.22	四	销项税额	(一+二+三-甲供主材)×11.00%+甲供主材费×适用税率	1685.20

因施工单位降点与设计院、监理公司无关,所以需要单独编制一个施工单位不下浮降点的《建筑安装工程费用预算表(表二)》,专用用于表五,计算设计、监理费和安全生产费。

安全生产费用根据工信部通信〔2015〕406 号《通信建设工程安全生产管理规定》,第七条勘察、设计单位的安全生产责任:"(三)设计单位编制工程概预算时,必须按照相关规定全额列出安全生产费用"要求,《建筑安装工程费用预算表(表二)》费用是不能用施工单位降点下浮的,如表 2 – 1 – 23 所示。

任务 10 编制预算表五

编制预算表五,也就是编制《工程建设其他费预算表(表五)甲》,即其他费,主要是让学生熟悉并熟练使用《信息通信建设工程费用定额》。

1. 建设用地及综合赔补费

(1)根据应征建设用地面积、临时用地面积,按建设项目所在省、自治区、直辖市人民政府制定颁发的土地征用补偿费、安置补助费标准和耕地占用税、城镇土地使用税标准计算。

(2)建设用地上的建(构)筑物如需迁建,其迁建补偿费应按迁建补偿协议计列或按新建同类工程造价计算。

2. 建设单位管理费

建设单位可根据《关于印发〈基本建设项目建设成本管理规定〉的通知》(财建〔2016〕504号),结合自身实际情况制定项目建设管理费取费规则。

如建设项目采用工程总承包方式,其总包管理费由建设单位与总包单位根据总包工作范围在合同中商定,从项目建设管理费中列支。

3. 可行性研究费

根据《国家发展改革委关于进一步放开建设项目专业服务价格的通知》(发改价格〔2015〕299 号)文件的要求,可行性研究服务收费实行市场调节价。

4. 研究试验费

(1)根据建设项目研究试验内容和要求进行编制。

(2)研究试验费不包括以下项目:

①应由科技三项费用(新产品试制费、中间试验费和重要科学研究补助费)开支的项目。

②应在建筑安装费用中列支的施工企业对材料、构件进行一般鉴定、检查所发生的费用及技术革新的研究试验费。

③应由勘察设计费或工程费中开支的项目。

5. 勘察设计费

根据《国家发展改革委关于进一步放开建设项目专业服务价格的通知》(发改价格〔2015〕299 号)文件的要求,勘察设计服务收费实行市场调节价。

目前勘察设计费计算,是设计院按照××运营商框架合同计取。

勘察设计费 = (设备费 + 建安费)×斜率×商务折扣率
  = (42 000 + 5 996.15)×4.50% ×35.70%
  = 771.06(元)

6. 环境影响评价费

根据《国家发展改革委关于进一步放开建设项目专业服务价格的通知》（发改价格〔2015〕299号）文件的要求，环境影响咨询服务收费实行市场调节价。

7. 建设工程监理费

根据《国家发展改革委关于进一步放开建设项目专业服务价格的通知》（发改价格〔2015〕299号）文件的要求，建设工程监理服务收费实行市场调节价。可参照相关标准作为计价基础。

目前建设工程监理费执行国家发改委、建设部关于《通信建设监理与相关服务收费管理规定》的通知（发改价格〔2007〕670号）文件。

监理费计算前，先要判断设备费是否打四折，其判断见表2-1-24。

表2-1-24 判断标准

设备费	建安费	工程费	工程费×40%	判　　　断	
42 000.00	13 643.25	55 643.25	22 257.3	工程费×40% <设备费?	由于此建设工程工程费×40% <设备费，所以判断设备费需要打四折

监理费 = （设备购置费×40% + 安装工程费）×监理收费率×监理降点

= （42 000×40% + 13 643.25）×3.3% ×52%

= 522.41（元）

8. 安全生产费

参照《关于印发〈企业安全生产费用提取和使用管理办法〉的通知》（财企〔2012〕16号）文件规定执行。

安全生产费 = 建筑安装工程费用预算表（表二）（下浮前工程费）×1.5% = 13 643.25 × 1.5% = 204.65（元）。

9. 引进技术和引进设备其他费

（1）引进项目图纸资料翻译复制费：根据引进项目的具体情况计列或按引进设备到岸价的比例估列。

（2）出国人员费用：依据合同规定的出国人次、期限和费用标准计算。生活费及制装费按照财政部、外交部规定的现行标准计算，旅费按中国民航公布的国际航线票价计算。

（3）来华人员费用：应依据引进合同有关条款规定计算。引进合同价款中已包括的费用内容不得重复计算。来华人员接待费用可按每人次费用指标计算。

（4）银行担保及承诺费：应按担保或承诺协议计取。

10. 工程保险费

（1）不投保的工程不计取此项费用。

（2）不同的建设项目可根据工程特点选择投保险种，根据投保合同计列保险费用。

11. 工程招标代理费

《国家发展改革委关于进一步放开建设项目专业服务价格的通知》（发改价格〔2015〕299号）文件的要求，工程招标代理服务收费实行市场调节价。

12. 专利及专用技术使用费

（1）按专利使用许可协议和专有技术使用合同的规定计列。

（2）专有技术的界定应以省、部级鉴定机构的批准为依据。

（3）项目投资中只计取需要在建设期支付的专利及专有技术使用费。协议或合同规定在生产期支付的使用费应在成本中核算。

13. 其他费用

根据工程实际计列。

14. 生产准备及开办费

新建项目按设计定员为基数计算，改扩建项目按新增设计定员为基数计算：生产准备及开办费＝设计定员×生产准备费指标（元/人）生产准备及开办费指标由投资企业自行测算。此项费用列入运营费。

工程建设其他费预算表（表五）甲如表2-1-25所示。

表2-1-25　工程建设其他费预算表（表五）甲

序号	名　称	规格程式	金额/元			备注
			除税价	增值税	含税价	
I	II	III	V	VI	VII	VIII
1	建设用地及综合赔补费					
2	建设单位管理费					
3	研究试验费					
4	勘察设计费	按设计院中标合同价格计列	771.06	46.26	817.32	
5	环境影响评价费					.
6	劳动安全卫生评价费					
7	建设工程监理费		522.41	31.34	553.75	
8	安全生产费	建筑安装工程费×1.50%	204.65	22.51	227.16	
9	工程质量监督费					
10	工程定额测定费					
11	引进技术及引进设备其他费					
12	工程招标代理费					
13	专利及专利技术使用费					
	合　计		1498.11	100.12	1598.23	
14	生产准备及开办费（运营费）	设计定员×生产准备费指标（元/人）				

任务11　编制预算表一

编制预算表一，也就是编制《工程预算总表（表一）》，主要是让学生熟悉并熟练使用《信息通信建设工程费用定额》。通过本表可以看出本期电源工程总投资为58 580.62元。同时可以分析各项费用的组成。工程预算总表（表一）如表2-1-26所示。

通信工程设计实务

76

表 2-1-26　工程预算总表(表一)

序号	预算表编号	费用名称	预算价值/元									
			小型建筑工程费	需要安装的设备费	不需要安装的设备、工器具费	建筑安装工程费	其他费用	预备费	总价值			
			(元)						除税价	增值税	含税价	其中外币( )
I	II	III	IV	V	VI	VII	VIII	IX	X	XI	XII	XIII
一	DY-XA-02, DY-XA-04-1	工程费(折扣前)	42 000.00	0.00		13 643.25			55 643.25	8 825.20	64 468.45	
		工程费(折扣后)	42 000.00	0.00		5 996.15			47 996.15	7 971.60	55 967.76	
二	DY-XA-05	工程建设其他费用					1 498.11		1 498.11	100.12	1 598.23	
		合计	42 000.00	0.00		5 996.15	1 498.11	0.00	49 494.27	8 071.72	57 565.99	
三		预备费						0.00	0.00	0.00	0.00	
四		建设期投资贷款利息							1 014.63	0.00	1 014.63	
		总计	0.00	42 000.00	0.00	5 996.15	1 498.11	0.00	50 508.90	8 071.72	58 580.62	
		其他回收费用										

应会技能训练:单项工程概预算文件编制

1. 实训目的

熟悉和掌握单项工程概预算文件编制流程、技巧、方法。

2. 实训内容

(1)按照本项目所讲的流程、技巧和方法用手工的形式编制本工程的概预算文件。

(2)在计算机上用通信工程概预算软件编制本项目的概预算文件。

(3)比较两者的不同并找出原因。

(4)写出概预算编制说明。

(5)组成完成的概预算文件。

项目 ❷ 有线通信设备安装工程设计

有线通信设备安装工程设计的主要依据是《设计任务书》。《设计任务书》是确定项目建设方案的基本文件，它是建设单位以可行性研究报告推荐的最佳方案为基础进行编写的，报请主管部门批准生效后下达给设计单位。

工程设计是设计院接到《设计任务书》后，从以下几方面综合考虑完成工程设计工作：

（1）按照国家的有关政策、法规、技术规范，在规定的范围内，考虑拟建工程在综合技术的可行性、先进性及其社会效益、经济效益。

（2）结合客观条件，应用相关的科学技术成果和长期积累的设计经验。

（3）按照工程建设的需要，利用现场勘察、测量所取得的基础资料、数据和技术标准。

（4）运用现阶段的材料、设备和机械、仪器等编制概（预）算，将可行性研究中推荐的最佳方案具体化，形成图纸、预算、文字，为工程实施提供依据的过程。

目前，我国对于规模较小的工程采用一阶段设计，大部分项目采用二阶段设计，比较重大的项目采用三阶段设计（即初步设计阶段、技术设计阶段、施工图设计阶段）。

目前有线通信设备安装工程中，联通本地网使用的设备厂家主要有华为、中兴、烽火。

工程开启由联通网络建设部据市场反馈的需求信息，经部门分析同意立项后，形成《××××年×××××本地传送网一期工程设计委托书》，如表 2-2-1 所示，通过电子邮件的形式发送到设计院，设计院接单后及时启动实施该工程的设计工作（施工图设计）。

表 2-2-1　××××年×××××本地传送网一期工程设计委托书

项目编号	××××××××××	设计委托书编号	××××
建设项目名称	××××年×××××本地传送网一期工程		
单项/单位工程名称	××××年×××××本地传送网一期工程		
设计单位名称	××××科技股份有限公司		
设计费（人民币元）	设计费（含税价）为人民币××元，（大写：××元），本合同适用增值税税率为6%，合同总价下不含增值税的价款为人民币××元（大写：××元），增值税税款为人民币××元（大写：××元）。具体以实际订单金额为准		
开始日期	2017 年 8 月	完成设计日期	2017 年 12 月

一、委托主要设计范围及内容

×××××××有限公司负责汕头分公司单项工程勘察设计：本工程拟建设分组设备 2 端，扩容 OTN10GE 波道 4 波，需新增分组设备 2 端，4 个线路侧模块（10GE）、线路侧板件 1 块、客户侧板件 1 块。为便于维护现网 OTN 设备，新增 15 块性能检测盘。

×××项目可研批复〔××××〕××××号

二、设计费用和合同			
根据我司 2016 年度招标结果的折扣费率取费,具体以双方签订的订单为准			
三、要求			
1. 严格按照设计规范和公司相关设计指导意见执行			
2. 严格执行双方签订的《安全生产协议》及相关管理规规定			
3. 按照计划在规定时间内完成。			
甲方项目经理	×××	联系电话	××××××××××××
乙方项目经理	×××	联系电话	××××××××××××

本项目以《××××年××××××本地传送网一期工程设计委托书》(见表 2 - 2 - 1)为基础,紧密结合工程设计实际,将项目细分为 11 个任务,设计工作包括任务 1 工程勘察、任务 2 方案设计、任务 3 绘制设计图、任务 4 计算主要工程量、任务 5 计算主要设备材料、任务 6 制作预算表一至表五、任务 7 编制预算表三甲、乙、丙、任务 8 编制预算表四设备、材料、任务 9 编制预算表二、任务 10 编制预算表五、任务 11 编制预算表一,共分 11 个任务。下面详细介绍有线通信设备安装工程的设计方法和步骤。

任务 1　工 程 勘 察

工程勘察流程图如图 2 - 2 - 1 所示。

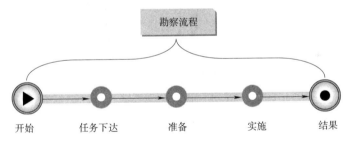

图 2 - 2 - 1　工程勘察流程图

设计院根据勘察流程,将收到设计任务书根据专业分类,将该工程的勘察任务下达相应勘察小组按期完成勘察工作。

在勘察准备阶段,勘察人员要做好如下工作:

(1)根据工程设计委托书的需求搜集原有机房图纸设计资料、线路资料等,利用百度地图系统及原有资料查出勘察机房详细街道、公路、参照物的位置并打印,以方便绘制勘察草图。

(2)准备勘察工具:笔、纸、照相机、画板、指南针、手电筒、卷尺、测距轮、激光测距仪、有毒有害气体检测仪、可燃气体检测仪、安全帽、反光衣等。

(3)走联通借机房钥匙流程,待流程走完,到联通借钥匙,再到机房进行勘察。

勘察设备前应该明确本次设计需要在机房收集哪些现场信息,并仔细拍照,回来做设计方案时可翻看确认。勘察新增设备时要特别注意的有:电源空开使用情况,机柜内剩余空间、地排、现有光缆成端架(箱)使用情况;现场情况拍照并绘制草图、做好记录;对有可能引发通信工程安全隐患的灾害提出防治措施;详细记录工程风险因素;勘察人员在对机房进行实地勘察时,应注意不要胡乱触碰机房原在用设备电源空开、尾纤等,避免发生断站等工程事故。

勘察结束后,整理勘察草图,为工程方案设计作准备。工程勘察草图如图 2 - 2 - 2 所示。

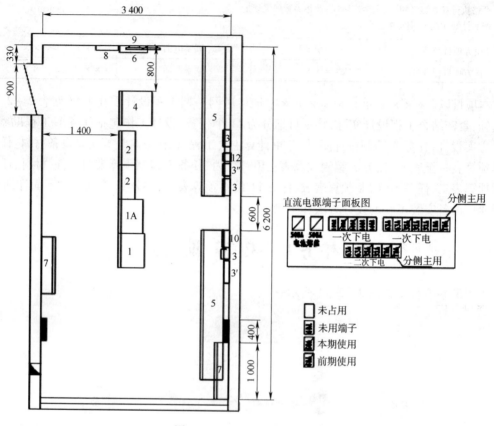

图 2 - 2 - 2　工程勘察草图

任务 2　方 案 设 计

设计流程如图 2 - 2 - 3 所示。

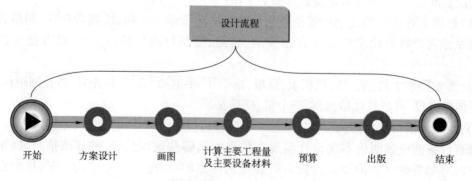

图 2 - 2 - 3　设计流程图

在方案设计中,对设备选型、设备的安装环境需求必须清楚,选择最优的安装位置、引电线接地线等需标注清楚。

1. 设备选型

为解决 IP 化无线接入网(RAN)的回传问题,许多设备厂商、运营商和标准组织相继提出了各种分组传送的解决方案,主要包括 PTN 方案和 IPRAN 方案。在面向未来的多业务承载与传送的网络中,PTN 与 IPRAN 均难以完全满足电信级业务承载与传送的各种需求。

目前,分组技术一般包括 PTN、IP RAN,其中 PTN 主要采用基于传送的 MPLS – TP 协议,IP RAN 则采用传统的 IP/MPLS 协议。

从标准上看,MPLS – TP 是传统 MPLS 的传送功能扩展协议(没有路由和转发功能),其数据平面是 MPLS 整个协议簇的子集,控制平面可选;而 MPLS 则采用动态的 IP/MPLS 协议,需要控制平面支持的动态三层网络。而从网络功能上讲,MPLS – TP 只能完成二层传送功能,主要通过网管系统实现集中和静态的系统配置。虽然部分厂商在 PTN 设备上增加一定的“静态”L3 VPN 功能,但由于尚无任何国际和国内标准进行支持,实现技术各异,在三层应用上不能替代 MPLS 技术。

PTN 作为二层网络,主要提供以太网、TDM、ATM 等 L1、L2 业务的传送;IPRAN 作为三层网络,支持 IETF 所规范的 MPLS L1、L2 和 L3 的各种网络功能,并可提供相关的各种业务。IP RAN 网络采用路由协议和信令,实现路由动态的三层功能。

从试验和测试的情况看,部分厂商的 PTN 与 IP RAN 在设备形态上日趋融合,采用同样的硬件通过不同的软件实现不同的技术协议。同时,IPRAN 已能提供网管系统,并具备图形界面和基本的管理功能。

分组传送技术已成熟,基本具备规模应用条件。可根据业务需求和网络发展目标,逐步引入。

在分组传送网络的建设中,不再严格区分 PTN 和 IPRAN 的设备形态,根据各层面、各场景的功能需求进行统一进行规范。具体要求详见《中国××城域综合承载与传送设备技术规范》等相关企业标准。

2. 设备安装及电源要求

本工程各局站的设备均采用面对面或面对背的排列方式及走线架顶布放缆线或活动地板下走线方式;在原有机房装机时,设备安装方式应与原有机房的设备安装方式一致。

设备机架底部应对地加固,机架顶端应与上梁加固。对地震设计强度在七度或七度以上地区的机房,机架的安装必须进行抗震加固,其加固方式应符合《电信设备安装抗震设计规范》YD 5059—2005 的要求。

3. 设备电源系统要求

本工程新建基站中光传输设备采用 –220 V 交流电源,其他传输设备采用 –48 V 直流电源,电源由电源设备提供。供照明和仪表使用的电源按交流 220 V 考虑。

本工程设备要求提供主备两组电源,电源柜两路电源熔丝分别提供给每个机架,由机架架顶电源分配盒再分配给各个子架。

4. 设备功耗

本期工程设备功耗如表 2 – 2 – 2 所示。

表 2 - 2 - 2 本期工程设备功耗表

序号	设备型号	典型功耗/W	最大功耗/W	备 注
1	IPRAN	90	106.3	A1、A2 设备(640)
2	IPRAN	40	50	C 设备(630)

注:设备功耗仅供参考。

5. 设备保护接地

分组、SDH、微波、DDF、ODF、光缆的保护接地要求:

光纤配线架上光缆的金属部分、光电设备外壳、DDF 架金属部分均须接保护地线。保护地线用 BV—35 mm^2 电力电缆由基站或交换局电力室接地排引接至本机房地线排,再由本机房地线排,用 BV—16 mm^2 接至各机架。接地电阻要求小于 5 Ω。

6. 电力电缆色谱说明

本工程设备电缆均由设备厂家统一配置,每套设备均配置有供电电缆 2 根,接地电缆 1 根。由于设备厂家提供的供电电缆颜色各批次有差异,主要有黑色、蓝色,红色、蓝色两种,设备接地统一采用黄绿色线接地线,色谱电缆连接要求如表 2 - 2 - 3 所示。

表 2 - 2 - 3 设备电缆色谱对照表

序 号	电缆型号	电缆色谱	电缆用途	备 注
1	设备供电电缆	蓝色	接 -48V 负电位	设备厂家提供
2	设备供电电缆	黑色/红色	接 -48V 正电位	设备厂家提供
3	设备接地电缆	黄绿色	接室内接地排	设备厂家提供

7. 机房环境要求

机房的洁净度应满足以下要求:

(1)机房中无爆炸性、导电性、导磁性及腐蚀性尘埃。

(2)机房内无腐蚀性金属和破坏绝缘的气体,如 SO_2、NH_3 等。

主要要求指标如表 2 - 2 - 4 和表 2 - 2 - 5 所示。

表 2 - 2 - 4 机房温湿度要求

温湿度要求		防尘要求		地面荷重/(kg/m^2)
建议范围	允许范围	尘埃颗粒的最大直径/μm	尘埃颗粒的最大浓度/(粒子数/m^3)	
T:18~28℃ RH:40%~60% 平均温度 22℃	根据厂家要求	>1	5×10^6	600
		>1.5	5×10^5	
		>5	3×10^4	

表 2 - 2 - 5 机房其他要求

地面要求	室内表面处理		人工照明	
	墙 面	顶 棚	照度/lx	照度计算高度
防静电陶瓷地板砖	水泥石灰砂浆抹面,表面涂浅色无光漆	水泥石灰砂浆抹面,表面涂白色无光漆	350	在地板上方 1 m 处,水平面

清楚了以上规范要求,才能做出一个合理规范的设备方案。

任务3　绘制设计图

设计图是设计人员经过工程勘察、方案设计比选后,充分反映设计意图,使工程各项技术措施具体化,是工程建设施工、监理的依据。故设计图必须有详细的尺寸、具体的做法和要求。图上应注有准确的位置、地点,使施工人员按照施工图纸就可以施工。

设备工程图一般包括机房设备布置平面示意图、走线架及线缆路由示意图、设备安装面板图、网络拓扑图、跳纤图。如在设计图纸中插入现场拍摄的彩色照片,对建设和施工单位更深入了解工程的情况和设计意图将起到更好的效果。下面分以下几方面说明绘制设计图的要求。

1. 制设计图总体要求

(1)工程制图应根据表述对象的性质、论述的目的与内容,选取适宜的图纸及表达手段,以便完整地表述主题内容。

(2)图面应布局合理,排列均匀,轮廓清晰且便于识别。

(3)图纸中应选用合适的图线宽度,避免图中线条过粗或过细。

(4)应正确使用国家标准和行业标准规定的图形符号。派生新的符号时,应符合国家标准符号的派生规律,并在合适的地方加以说明。

(5)在保证图面布局紧凑和使用方便的前提下,应选择合适的图纸幅面,使原图大小适中。

(6)应准确地按规定标注各种必要的技术数据和注释,并按规定进行书写或打印。

(7)工程图纸应按规定设置图衔,并按规定的责任范围签字,各种图纸应按规定顺序编号。

(8)施工图中需要标出重要的安全风险因素。

2. 图纸的图签

根据中华人民共和国通信行业标准 YD/T 5015—2015《电信工程制图与图形符号规定》5.7.2 图纸图签签字要求:

图纸图签签字要符合要求,签字范围及要求如下。

(1)设计人、单项设计负责人、审核人、设计总负责人本工程编号图纸全部签字。

(2)部门主管:签署除通用图、部件加工图以外的本工程编号的全部图纸。

(3)公司主管:各项总图、带方案性质的图纸必签,其他图纸可选,通用图、部件加工图可不签。

签署注意事项:

①结合审查程序,签署应自下而上进行,图签可采用通用格式。

②有些图纸同一级签署有两人时,在图衔签字栏内的左右格内分别签署。

③无须主管签字的栏画斜杠。

④通用图、经过专业项目审核签字的并反复使用的图纸,可以采用复印版本。

⑤共用图:本工程设计图纸,各册间通用的图纸,均需要签字。

⑥对于多家设计单位共同完成的设计文件,依据设计合同要求对各自承担的设计文件按照各自单位图签进行签署。对于总册、汇总册的相关图纸分别使用相关设计单位的图签进行

签署。

3. 图纸图号

（1）一般形式为：设计编号、设计阶段—专业代号—图纸编号，图纸编号一般按顺序号编制。

（2）对于全国网或跨省干线工程的分省、分段或移动通信分业务区等有特殊需求时可变更如下：

设计编号（x）设计阶段—专业代号（y）—图纸编号。

式中（x）为省或业务区的代号，（y）表示不同的册号或区分不同的通信站、点的代号。

（3）专业代号应遵循 YD/T 5015—2015《电信工程制图与图形符号规定》，对于通信技术发展及细化而产生的专业或单项业务工程，要求专业代号首先套用已有单项工程专业，如 GPRS 套用移动通信"YD"，在无合适的专业可套用时可以按规定要求派生，但派生的专业代号要经过单位技术主管（总工程师）批准。

4. 图纸图幅

工程图纸幅面和图框大小应符合国家标准 GB/T 6988.1—2008《电气技术用文件的编制第 1 部分：规则》的规定，应采用 A0、A1、A2、A3、A4 及其 A3、A4 加长的图纸幅面。其相应尺寸见表 2 - 2 - 6。

表 2 - 2 - 6　工程图幅尺寸表

代　　号	尺寸/(mm × mm)
A0	841 × 1189
A1	594 × 841
A2	420 × 595
A3	297 × 420
A4	210 × 297

应根据表述对象的规模大小、复杂程度、所要表达的详细程度、有无图衔及注释的数量来选择较小的合适幅面。

A0 ~ A3 图纸横式使用，A4 图纸立式使用；根据表述对象的规模大小、复杂程度、所表达的详细程度、有无图衔及注释的数量来选择较小的合适幅面。

5. 图纸图线

图纸图线的制图要求见表 2 - 2 - 7。

表 2 - 2 - 7　图纸图线表

图线名称	图线型式	一般用途
实线	——————	基本线条：图纸主要内容用线，可见轮廓线
虚线	— — — — —	辅助线条：屏蔽线，机械连接线，不可见轮廓线、计划扩展内容用线
点画线	— · — · — ·	图框线：表示分界线、结构图框线、功能图框线、分级网框线
双点画线	— ·· — ·· —	辅助图框线：表示更多的功能组合或从某种图框中区分不属于它的功能部件

（1）图线宽度一般从以下系列中选用：

0.25 mm,0.35 mm,0.5 mm,0.7 mm,1.0 mm,1.4 mm。

（2）通常宜选用两种宽度的图线。粗线的宽度为细线宽度的两倍，主要图线采用粗线，次要图线采用细线。对于复杂的图纸也可采用粗、中、细三种线宽，线的宽度按 2 的倍数依次递增，但线宽种类不宜过多。

（3）使用图线绘图时，应使图形的比例和配线协调恰当，重点突出，主次分明。在同一张图纸上，按不同比例绘制的图样及同类图形的图线粗细应保持一致。

（4）应使用细实线作为最常用的线条。在以细实线为主的图纸上，粗实线应主要用于图纸的图框及需要突出的部分。指引线、尺寸标注线应使用细实线。

（5）当需要区分新安装的设备时，宜用粗线表示新建，细线表示原有设施，虚线表示规划预留部分。

（6）平行线之间的最小间距不宜小于粗线宽度的两倍，且不得小于 0.7 mm。

6. 图纸比例

（1）对于平面布置图、管道及光（电）缆线路图、设备加固图及零件加工图等图纸，应按比例绘制；方案示意图、系统图、原理图等可不按比例绘制，但应按工作顺序、线路走向、信息流向排列。

（2）对于平面布置图、线路图和区域规划性质的图纸，宜采用以下比例：

1:10,1:20,1:50,1:100,1:200,1:500,1:1 000,1:2 000,1:5 000,1:10 000,1:50 000 等。

（3）对于设备加固图及零件加工图等图纸宜采用的比例为 1:2,1:4 等。

（4）应根据图纸表达的内容深度和选用的图幅，选择合适的比例。

（5）对于通信线路及管道类的图纸，为了更方便地表达周围环境情况，可采用沿线路方向按一种比例，而周围环境的横向距离宜采用另外的比例，或示意性绘制。

7. 图纸标注

（1）图中的尺寸单位：

标高和管线长度的尺寸单位用米（m）表示，如路由图、立面图标高等。

其他的尺寸单位用毫米（mm）表示：如机房图、机架、设备图、加固图等。

（2）尺寸界线、尺寸线及尺寸起止符号：

图样上的尺寸，应包括尺寸界线、尺寸线、尺寸起止符号和尺寸数字。

尺寸界线用细实线绘制，两端应画尺寸箭头（斜短线），指到尺寸界线上表示尺寸的起止。统一采用斜短线。

（3）尺寸数字：尺寸数字应顺着尺寸线方向写并符合视图方向。

数字的高度方向应和尺寸线垂直并不得被任何图线穿过。

（4）有关建筑用尺寸标注：可按 GB/T 2010《建筑制图标准》要求标注。

（5）尺寸数字的排列与布置：尺寸数字依据其读数方向注写在靠近尺寸线的上方中部。

（6）尺寸宜标注在图样轮廓线以外，不宜与图纸、文字及符号等相交。

（7）图线不得穿过尺寸数字，不可避免时，应将尺寸数字处的图线断开。

（8）互相平行的尺寸线，应从被注的图样轮廓由近向远整齐排列，小尺寸应离轮廓线较近，大尺寸应离轮廓线较远。

图纸标注示例如图 2 - 2 - 4 所示。

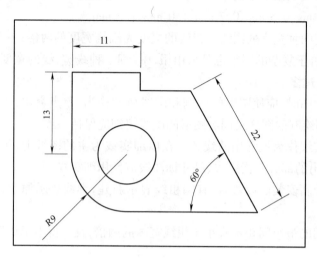

图 2 - 2 - 4　图纸标注示例

8. 图纸字体

(1)图中书写的文字均应字体工整、笔画清晰、排列整齐、间隔均匀。

(2)图中的"技术要求"、"说明"或"注"等字样,应写在具体文字内容的左上方,并使用比文字内容大一号的字体书写。

(3)在图中所涉及数量的数字,均应用阿拉伯数字表示。

(4)字体一般选用"宋体"或"仿宋",同一图纸字体需统一。

9. 图纸图衔

(1)电信工程图纸应有图衔,图衔的位置应在图面的右下角。

(2)电信工程常用标准图衔为长方形,大小宜为 30 mm × 180 mm(高×长)。图衔应包括图名、图号、设计单位名称、相关审校核人等内容。某设计院有限公司图衔如图 2 - 2 - 5 所示。

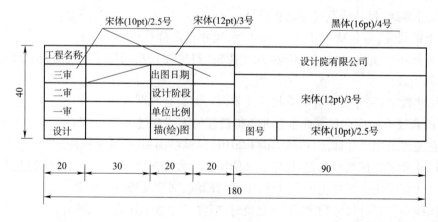

图 2 - 2 - 5　图纸图衔示例图

设计人员还要根据工信部通信〔2015〕406号《通信建设工程安全生产管理规定》第七条勘察、设计单位的安全生产责任中第二点:

设计单位应当按照法律、法规和工程建设强制性标准进行设计,防止因设计不合理导致生产安全事故的发生。

设计单位应当考虑施工安全操作和防护的需要,对涉及施工安全的重点部位和环节在设计文件中注明,对防范生产安全事故提出指导意见,并在设计交底环节就安全风险防范措施向施工单位进行详细说明。在每一张施工图纸中,对于存在的安全风险点应该有明显的标识,并在旁边写明应对安全风险的注意事项。

如有线通信设备安装安全风险因素:

(1)不按作业规定,切断运行中的开关电源造成通信中断。

(2)使用经过接续的电源线,存在电缆接头发热损坏发生火灾的风险。

(3)设备安装时,没有按要求作业造成人身触电或设备损坏风险。

(4)使用冲击钻等工具施工时,产生的灰尘、碎屑可能造成现有设备的损坏。

(5)走线架上作业存在高空坠落风险。

(6)施工人员乱放施工物料或违规吸烟、用火,导致火灾。

(7)设备加电前,没有核实电源负荷,或未得到加电申请批复,导致加电后通信网络断电。

(8)加电后未确认设备是否正常运行,离场后不能及时处理加电故障。

本工程设计图如图2-2-6、图2-2-7、图2-2-8所示。

任务4 计算主要工程量

当设计图绘制完成后,首先计算本工程主要工程量。计算工程量一般依据施工前后顺序,也就是从《信息通信建设工程预算定额》第二册有线通信设备安装工程第一章开始计算到最后第五章结束,这样计算不会漏项。

另外工程量的单位是定额"单位",这点要注意。

(1)室内布放电力电缆——单位:米条;数量:60。

(2)放绑2m线——单位:米条;数量:10。

(3)基站间跳纤——单位:条;数量:4。

(4)安装接入层分组设备A2——单位:台;数量:1。

(5)安装数字配线盒DDF——单位:个;数量:1。

本工程工程量统计表见表2-2-8。

表2-2-8 工程量统计表

序号	项目名称	单位	数量
1	室内布放电力电缆	米条	60
2	放绑2m线	米条	10
3	基站间跳纤	条	4
4	安装接入层分组备A2	台	1
5	安装数字配线盒DDF	个	1

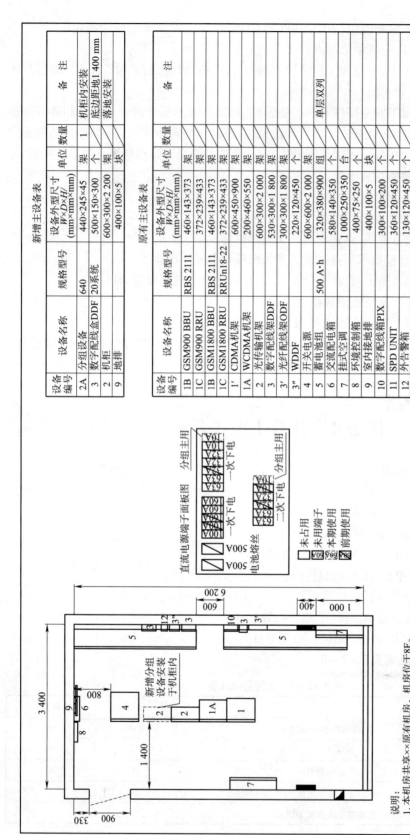

图 2-2-6 机房设备布置平面示意图

新增主设备表

设备编号	设备名称	规格型号	设备外形尺寸 W×D×H (mm×mm×mm)	单位	数量	备 注
2A	分组设备	640	440×245×45	架	1	机柜内安装
3	数字配线盒DDF	20系统	500×150×300	个		
2	机柜		600×300×2 200	架		落地安装
9	地排		400×100×5	块		

原有主设备表

设备编号	设备名称	规格型号	设备外形尺寸 W×D×H (mm×mm×mm)	单位	数量	备 注
1B	GSM900 BBU	RBS 2111	460×143×373	架		
1C	GSM900 RRU		372×239×433	架		
1B	GSM1800 BBU	RBS 2111	460×143×373	架		
1C	GSM1800 RRU	RRUn18-22	372×239×433	架		
1'	CDMA机架		600×450×900	架		
1A	WCDMA机架		200×460×550	架		
2	光传输机架		600×300×2 000	架		单层双列
3	数字配线架DDF		530×300×1 800	架		
3'	光纤配线架ODF		300×300×1 800	架		
3"	WDDF		220×120×450	个		
4	开关电源		600×600×2 000	组		
5	蓄电池组	500 A·h	1 320×380×900	组		
6	交流配电箱		580×140×350	个		
7	挂式空调		1 000×250×350	台		
8	环境控制箱		400×75×250	个		
9	室内接地排		400×100×5	块		
10	数字配线箱PIX		300×100×200	个		
11	SPD UNIT		360×120×450	个		
12	外告警箱		130×120×450	个		

工程名称	×××工程		
设计阶段	一阶段设计		
单位比例	mm		
出图日期	×××××××		
绘 图	×××		
主 管	×××		
项目负责人	×××		
审 核	×××		
设 计	×××		

×××××股份有限公司
×××××××机房

机房设备布置平面示意图

图号 ×××-GS-ST-DSYGT-01

直流电源端子面板图

分组主用

电池熔丝 500A 500A

一次下电 一次下电
分组主用
二次下电

未占用
未用端子
本期使用
前期使用

说明:
1. 本机房共享××原有机房，机房位于8F。
2. 本机房原配置2组500 A·h电池；开关电源原配置3个50 A电源模块，满足本期替换设备供电需求。本期新增设备从开关电源一次下电处引1个10 A空开作为主用，从二次下电处引1个10 A空开作为备用。本期启用备用电源模块。
3. 本机房原配置2台空调，满足室内设备温湿度需求，无须替换。
4. 本机房为非专用通信机房，建设单位须委托有关部门核实有土建设设备负荷需求。必须在满足设备负荷需求相应的加固措施，需采取相应的加固措施，必须在满足设备安装后方可安装设备。
5. 所有线缆始末端需做好标签标示，标签标示需满足需满足规范的标签范围要求。

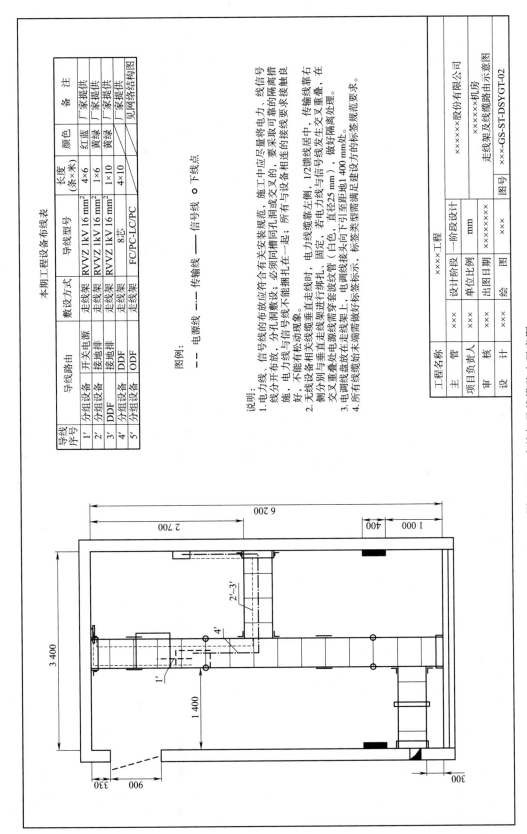

本期工程设备布线表

导线序号	导线路由		敷设方式	导线型号	长度(条×米)	颜色	备注
1'	分组设备	开关电源	走线架	RVVZ 1kV 16 mm²	4×6	红蓝	厂家提供
2'	分组设备	接地排	走线架	RVVZ 1kV 16 mm²	1×6	黄绿	厂家提供
3'	DDF	接地排	走线架	RVVZ 1kV 16 mm²	1×10	黄绿	厂家提供
4'	分组设备	DDF	走线架	8芯	4×10		
5'	分组设备	ODF	走线架	FC/PC-LC/PC			见网络结构图

图例：

—— 电源线　--- 传输线　—— 信号线　○ 下线点

说明：

1. 电力线、信号线的布放应符合有关安装规范，施工中应尽量将电力、线信号线分开布放，分孔洞敷设，必须同槽同孔洞或交叉时，要采取可靠的隔离措施，不能与信号线穿扎在一起；电力线与信号线不能捆扎在一起；所有设备相连接线要求采取接触良好，不能有松动现象。

2. 无线设备相关线缆垂直走线时，电力线缆靠左侧、1/2馈线居中、传输线靠右侧分别走。垂直走线架进行绑扎，若电力线与信号线发生交叉重叠，在交叉重叠处电源盘放在走线架上。电调线接头向下引至距地 1 400 mm处。

3. 电调线盘放在走线架上，电调线接头向下引至距地 1 400 mm处。

4. 所有线缆始末端需做好标签标示，标签类型满足建设方的标签规范要求。

工程名称	xxxx工程				
主　管	xxx	设计阶段	一阶段设计	xxxxxx股份有限公司	
项目负责人	xxx	单位比例	mm	xxxxx机房	
审　核	xxx	出图日期	xxxxxxxx	走线架及线缆路由示意图	
设　计	xxx	绘　图	xxx	图号	xxx-GS-ST-DSYGT-02

图 2-2-7　走线架及线缆路由示意图

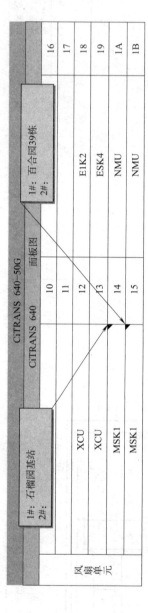

DDB盒子–接分组设备

风扇单元 | XCU | XCU | MSK1 | MSK1

1#: 石榴园基站
2#:

CiTRANS 640

CiTRANS 640–50G 面板图

1#: 百合园39栋
2#:

10	16
11	17
12 E1K2	18
13 ESK4	19
14 NMU	1A
15 NMU	1B

工程名称		xxxx工程	
主　管	xxx	设计阶段	施工图设计
项目负责人	xxx	单位比例	mm
审　核	xxx	出图日期	xxxxxxx
设　计	xxx	绘　图	xxx

×××××××股份有限公司

机房
设备安装面板图

图号　xxx-GS-ST-DSYGT-03

图2-2-8　机房设备布置平面示意图

说明：
1. 所有线线缆始末端需做好标签标示，标签类型需满足建设方的标签规范要求。
2. 设备面板图及设备连线方式供参考，施工过程中，发现设备与图纸不相符，及时与设备厂家督导和设计院联系。

任务5　计算主要设备材料

(1)电源线主要是用于连接新增设备到电源空开,引电用。

(2)接地线主要是用于连接新增设备到接地排,接地保护。

(3)2M线主要是用于连接新增设备2M端口到DDF成端,后期业务方便接入。

(4)尾纤主要用于连接新增设备到现网已开启设备。

(5)分组设备为目前大网开通基站主要使用的接入层设备。

(6)DDF用于成端分组设备的2M口。

新增主设备表如表2-2-9所示。

表2-2-9　新增主设备表

序号	设备名称	型　　号	数量	单位	备注
1	电源线	RVVZ 1 kV 16 mm³ × 10 mm	4	条	
2	接地线	RVVZ 1 kV 16 mm³ × 10 mm	2	条	
3	2M线	32 芯 × 10 mm	1	条	
4	尾纤	PC/PC – LC/PC × 10 m	4	条	
5	分组设备	A2 640	1	台	
6	数字配线盒 DDF	20 系统 × 10 mm	1	个	

任务6　制作预算表一至表五

(1)提供《××接入层 A2 设备(CiTRANS 640)设备安装工程》预算表一至表五的 PDF 文档(见表1-5-29至表1-5-38)。

(2)让学生用 Excel 办公软件编制转换成预算表一至表五 Excel 文档,并达到表内数据自动计算、自动链接,表间数据自动链接、全套预算表自动生成的目的。

学生完成任务6的目的:

(1)让学生熟悉《信息通信建设工程概预算编制规程》《信息通信建设工程费用定额》。

(2)让学生熟悉用 Excel 办公软件解决工作中大量数据统计、计算问题。

任务7　编制预算表三甲、乙、丙

从这个任务开始,就进入预算阶段了,首先编制预算表三甲、乙、丙。也就是《建筑安装工程量预算表(表三)甲》《建筑安装工程机械使用费预算表(表三)乙》《建筑安装工程仪器仪表使用费预算表(表三)丙》。

在编制预算表三甲、乙、丙中,学生要学会使用《信息通信建设工程预算定额》对应的册及《信息通信建设工程施工机械、仪表台班单价》。

计算《××接入层 A2 设备(CiTRANS 640)设备安装工程》工程量主要套用《信息通信建设工程预算定额》第二册有线通信设备安装工程和第一册通信电源设备安装工程二册内容。

预算表中单位,是定额单位。数量的来源是任务4中如数据。

(1)《建筑安装工程量预算表(表三)甲》各工序工程量计算见表2-2-10至表2-2-21。

表 2 – 2 – 10　室内布放电力电缆（单芯）（16 mm² 以下）工日计算表

序号	定额编号	项目名称	单位	数量	单位定额值/工日		合计值/工日	
					技工	普工	技工	普工
Ⅰ	Ⅱ	Ⅲ	Ⅳ	Ⅴ	Ⅵ	Ⅶ	Ⅷ	Ⅸ
1	TSD5 – 021	室内布放电力电缆（单芯）（16 mm² 以下）	10 米条	6.00	0.15	0.00	0.90	0.00

定　额　编　号			TSD5 – 021	TSD5 – 022	TSD5 – 023	TSD5 – 024	TSD5 – 025	TSD5 – 026	TSD5 – 027
项　　　　　　目			室内布放电力电缆（单芯相线截面积）①						
			16 mm² 以下	35 mm² 以下	70 mm² 以下	120 mm² 以下	185 mm² 以下	240 mm² 以下	500 mm² 以下
定　额　单　位			十米条						
名　　称		单位	数　　量						
人工	技　工	工日	0.15	0.20	0.29	0.34	0.41	0.55	0.83
	普　工	工日	—	—	—	—	—	—	—
主要材料	电力电缆	m	10.15	10.15	10.15	10.15	10.15	10.15	10.15
机械									
仪表	绝缘电阻测试仪	台班	0.10	0.10	0.10	0.10	0.10	0.10	0.10

表 2 – 2 – 11　安装壁挂式数字分配箱工日计算表

序号	定额编号	项目名称	单位	数量	单位定额值/工日		合计值/工日	
					技工	普工	技工	普工
Ⅰ	Ⅱ	Ⅲ	Ⅳ	Ⅴ	Ⅵ	Ⅶ	Ⅷ	Ⅸ
2	TSY1 – 031	安装壁挂式数字分配箱	箱	1.00	1.75	0.00	1.75	0.00

定　额　编　号			TSY1 – 027	TSY1 – 028	TSY1 – 029	TSY1 – 030	TSY1 – 031	TSY1 – 032	TSY1 – 033
项　　　　　目			安装数字分配架		安装光分配架		安装壁挂式数字分配箱	安装壁挂式光分配箱	安装光纤总配线架（OMDF）
			整架	子架	整架	子架			
定　额　单　位			架	个	架	个	箱	箱	架
名　　称		单位	数　　量						
人工	技　工	工日	3.50	0.19	2.42	0.19	1.75	1.35	6.25
	普　工	工日	—	—	—	—	—	—	—
主要材料	加固角钢夹板组	组	2.02	—	2.02	—	—	—	2.02
机械									
仪表									

通信工程设计实务

表 2 – 2 – 12　放绑 SYV 类射频同轴电缆（多芯）工日计算表

序号	定额编号	项目名称	单位	数量	单位定额值/工日		合计值/工日	
					技工	普工	技工	普工
I	II	III	IV	V	VI	VII	VIII	IX
3	TSY1 – 055	放绑 SYV 类射频同轴电缆（多芯）	100 米条	0.10	1.35	0.00	0.14	0.00

定额编号			TSY1 – 049	TSY1 – 050	TSY1 – 051	TSY1 – 052	TSY1 – 053	TSY1 – 054	TSY1 – 055	TSY1 – 056	TSY1 – 057
项　目			局用音频电缆		局用高频对称电缆		音频隔离线（单、双芯）	SYV 类射频同轴电缆		数据电缆	
			24 芯以下	24 芯以上	2 芯以下	2 芯以上		单芯	多芯	10 芯以下	10 芯以上
定额单位			百米条								
名　称		单位	数　量								
人工	技　工	工日	1.05	1.30	0.94	1.35	0.80	1.00	1.35	0.71	1.00
	普　工	工日	—	—	—	—	—	—	—	—	—
主要材料	电缆	m	102.00	102.00	102.00	102.00	102.00	102.00	102.00	102.00	102.00

表 2 – 2 – 13　放、绑软光纤 – 设备机架之间放、绑 – 15 m 以下工日计算表

序号	定额编号	项目名称	单位	数量	单位定额值/工日		合计值/工日	
					技工	普工	技工	普工
I	II	III	IV	V	VI	VII	VIII	IX
4	TSY1 – 079	放、绑软光纤—设备机架之间放、绑— 15 m 以下	条	4.00	0.29	0.00	1.16	0.00

定额编号			TSY1 – 079	TSY1 – 080	TSY1 – 081	TSY1 – 082
项　目			放、绑软光纤①			
			设备机架之间放、绑		光纤分配架内跳纤	中间站跳纤
			15 m 以下	15 m 以上		
定额单位			条			
名　称		单位	数　量			
人工	技　工	工日	0.29	0.46	0.13	0.70
	普　工	工日	—	—	—	—
主要材料	软光纤（双头）	条	1.00	1.00	1.00	1.00
机械						
仪表						

表 2 – 2 – 14　安装加固吊挂工日计算表

序号	定额编号	项目名称	单位	数量	单位定额值/工日		合计值/工日	
					技工	普工	技工	普工
I	II	III	IV	V	VI	VII	VIII	IX
5	TSY1 – 102	安装加固吊挂	（处）	1.00	0.38	0.00	0.38	0.00

定 额 编 号		YSY1 – 097	YSY1 – 098	YSY1 – 099	YSY1 – 100	YSY1 – 101	YSY1 – 102	YSY1 – 103
项　　　　目		铺地漆布		抗震底座①		防柱加固①	安装加固吊挂①	安装支撑铁架①
		普通型	防静电型	制作	安装			
定 额 单 位		100 m²		个			条	个
名　　称	单位	数　　　　量						
人工	技　工	工日	13.88	17.88	1.20	0.38	0.75	0.38	0.61
	普　工	工日	—	—	—	—	—	—	—
主要材料	地漆布	m²	106.00	106.00	—	—	—	—	—
	401#胶	kg	33.34	33.34	—	—	—	—	—
	紫铜带（厚0.3 mm 宽20 mm）	kg	—	1.00	—	—	—	—	—

表 2 – 2 – 15　安装测试 PDH 设备基本子架及公共单元盘工日计算表

序号	定额编号	项目名称	单位	数量	单位定额值/工日		合计值/工日	
					技工	普工	技工	普工
I	II	III	IV	V	VI	VII	VIII	IX
6	TSY2 – 001	安装测试 PDH 设备基本子架及公共单元盘	套	1.00	1.05	0.00	1.05	0.00

定 额 编 号		TSY2 – 001	TSY2 – 002	TSY2 – 003
项　　　　目		安装子机框及公共单元盘	安装集成式小型设备①	增（扩）装、更换光模块
定 额 单 位		套		个
名　　称	单位	数　　　量		
人工	技　工	工日	1.05	0.85	0.05
	普　工	工日	—	—	—
主要材料					

表 2-2-16　安装测试传输设备接口盘(2 Mbit/s)工日计算表

序号	定额编号	项目名称	单位	数量	单位定额值/工日		合计值/工日	
					技工	普工	技工	普工
I	II	III	IV	V	VI	VII	VIII	IX
7-1	TSY2-012	安装测试传输设备接口盘(2 Mbit/s)(32 口)	端口	8.00	0.75	0.00	6.00	0.00
7-2	TSY2-012	安装测试传输设备接口盘(2 Mbit/s)(32 口)	端口	24.00	0.50	0.00	12.00	0.00
7-3	TSY2-012	安装测试传输设备接口盘(2 Mbit/s)(32 口)	端口	32			18	

定额编号		YSY2-004	YSY2-005	YSY2-006	YSY2-007	YSY2-008	YSY2-009	YSY2-010	YSY2-011	YSY2-012
项　　目		安装测试传输设备接口盘①								
		100 Gbit/s 及以上②	40 Gbit/s	10 Gbit/s	2.5 Gbit/s	622 Gbit/s	155 Mbit/s		45/34 Mbit/s	2 Mbit/s
							光口	电口		
定　额　单　位		端口								
名　称	单位	数　　量								
人工	技工	工日	2.15	1.85	1.60	1.35	1.05	0.80	0.65	0.30	0.25
	普工	工日	—	—	—	—	—	—	—	—	—
仪表	数字传输分析仪	台班	0.05	0.05	0.05	0.05	0.05	0.05	0.05	0.05	0.05
	光可变衰耗器	台班	0.03	0.03	0.03	0.03	0.03	0.03			
	光功率计	台班	0.10	0.10	0.10	0.10	0.10	0.10			
	稳定光源	台班	0.10	0.10	0.10	0.10	0.10	0.10			
	数字宽带示波器100G	台班	0.03	0.03	—	—	—	—			
	数字宽带示波器20G	台班	—	—	0.03	0.03	0.03	0.03			

注:①基站、接入网工程段各接口盘的安装测试;8个端口以下的按人工定额乘以 3.0 系数;8个端口以上按人工定额乘以 2.0 系数计算。
　　②测试 100 Gbit/s 以上设备端口时,仪表定额乘以 2.0 系数计算。

表 2-2-17　安装测试传输设备接口盘(FE 口)工日计算表

序号	定额编号	项目名称	单位	数量	单位定额值/工日		合计值/工日	
					技工	普工	技工	普工
I	II	III	IV	V	VI	VII	VIII	IX
8	TSY2-013	安装测试传输设备接口盘(FE 口)(8 口)	端口	8.00	4.65	0.00	37.20	0.00

定　额　编　号		TSY2-013	TSY2-014	TSY2-015	TSY2-016	TSY2-017
项　　目		安装测试传输设备接口盘①				
		FE 口	GE 口	10GE 口	40GE 口	100GE 及以上口②
定　额　单　位		端口				
名　称	单位	数　　量				
人工	技工	工日	1.55	2.10	0.75	0.60	3.10
	普工	工日	—				
主要材料							
仪表	数据业务测试仪	台班	0.05	0.05	0.05	0.05	0.05
	光可变衰耗器	台班	(0.03)	(0.03)	(0.03)	(0.03)	(0.03)
	光功率计	台班	(0.10)	(0.10)	(0.10)	(0.10)	(0.10)
	稳定光源	台班	(0.10)	(0.10)	(0.10)	(0.10)	(0.10)

注:①基站、接入网工程段各接口盘的安装测试;8个端口以下的按人工定额乘以 3.0 系数;8个端口以上按人工定额乘以 2.0 系数计算。
　　②测试 100 Gbit/s 以上设备端口时,仪表定额乘以 2.0 系数计算。

表 2-2-18　安装测试传输设备接口盘（GE 口）工日计算表

序号	定额编号	项目名称	单位	数量	单位定额值/工日 技工	单位定额值/工日 普工	合计值/工日 技工	合计值/工日 普工
I	II	III	IV	V	VI	VII	VIII	IX
9-1	TSY2-014	安装测试传输设备接口盘（GE 口）（6 口）（2 个接口盘）	端口	8.00	4.20	0.00	33.60	0.00
9-2	TSY2-014	安装测试传输设备接口盘（GE 口）（6 口）（2 个接口盘）	端口	4.00	6.30	0.00	25.20	0.00
9-3	TSY2-014	安装测试传输设备接口盘（GE 口）（6 口）（2 个接口盘）	端口	12			58.8	

定额编号		TSY2-013	TSY2-014	TSY2-015	TSY2-016	TSY2-017
项目		安装测试传输设备接口盘①				
		FE 口	GE 口	10GE 口	40GE 口	100GE 及以上口②
定额单位		端口				
名称	单位	数量				
人工 技工	工日	1.55	2.10	0.75	0.60	3.10
人工 普工	工日	—	—			
主要材料						
仪表 数据业务测试仪	台班	0.05	0.05	0.05	0.05	0.05
仪表 光可变衰耗器	台班	(0.03)	(0.03)	(0.03)	(0.03)	(0.03)
仪表 光功率计	台班	(0.10)	(0.10)	(0.10)	(0.10)	(0.10)
仪表 稳定光源	台班	(0.10)	(0.10)	(0.10)	(0.10)	(0.10)

注：①基站、接入网工程段各接口盘的安装测试；8 个端口以下的按人工定额乘以 3.0 系数；8 个端口以上按人工定额乘以 2.0 系数计算。
　　②测试 100 Gbit/s 以上设备端口时，仪表定额乘以 2.0 系数计算。

表 2-2-19　线路段光端对测工日计算表

序号	定额编号	项目名称	单位	数量	单位定额值/工日 技工	单位定额值/工日 普工	合计值/工日 技工	合计值/工日 普工
I	II	III	IV	V	VI	VII	VIII	IX
10	TSY2-059	线路段光端对测	（方向·系统）	1.00	0.95	0.00	0.95	0.00

定额编号		TSY2-059	TSY2-060	TSY2-061	TSY2-062	TSY2-063	TSY2-064
项目		线路段光端对测	系统通道调测				保护倒换测试
			以太网接口		TDM 接口		
			光口	电口	光口	电口	
定额单位		方向·系统	端口				环·系统
名称	单位	数量					
人工 技工	工日	0.95	0.35	0.25	0.50	0.30	1.50
人工 普工	工日	—	—	—	—	—	—
仪表 数字传输分析仪	台班	—	—	—	0.10	0.10	0.10
仪表 数据业务分析仪	台班	—	0.10	0.10	—	—	—
仪表 光功率计	台班	0.05	0.05		0.05		—
仪表 稳定光源	台班	0.05	0.05		0.05		—
仪表 光可变衰耗器	台班	0.10	0.05		0.05		0.20
仪表 误码测试仪	台班	—	—		1.15	1.15	—

表 2 – 2 – 20　系统通道调测 – 以太网接口（电口）工日计算表

序号	定额编号	项目名称	单位	数量	单位定额值/工日		合计值/工日	
					技工	普工	技工	普工
I	II	III	IV	V	VI	VII	VIII	IX
11	TSY2－061	系统通道调测—以太网接口（电口）	（端口）	8.00	0.25	0.00	2.00	0.00

定 额 编 号			TSY2－059	TSY2－060	TSY2－061	TSY2－062	TSY2－063	TSY2－064
项 目			线路段光端对测	系统通道调测				保护倒换测试
				以太网接口		TDM 接口		
				光口	电口	光口	电口	
定 额 单 位			方向·系统	端口				环·系统
名　称		单位	数　量					
人工	技　工	工日	0.95	0.35	0.25	0.50	0.30	1.50
	普　工	工日	—	—	—	—	—	—
仪表	数字传输分析仪	台班	—	—	—	0.10	0.10	0.10
	数据业务分析仪	台班	—	0.10	0.10	—	—	—
	光功率计	台班	0.05	0.05	—	0.05	—	—
	稳定光源	台班	0.05	0.05	—	0.05	—	—
	光可变衰耗器	台班	0.10	0.05	—	0.05	—	0.20
	误码测试仪	台班	—	—	—	1.15	1.15	—

表 2 – 2 – 21　系统保护（倒换）测试工日计算表

序号	定额编号	项目名称	单位	数量	单位定额值/工日		合计值/工日	
					技工	普工	技工	普工
I	II	III	IV	V	VI	VII	VIII	IX
12	TSY2－064	系统保护（倒换）测试	（环·系统）	0.20	1.50	0.00	0.30	0.00

定 额 编 号			TSY2－059	TSY2－060	TSY2－061	TSY2－062	TSY2－063	TSY2－064
项 目			线路段光端对测	系统通道调测				保护倒换测试
				以太网接口		TDM 接口		
				光口	电口	光口	电口	
定 额 单 位			方向·系统	端口				环·系统
名　称		单位	数　量					
人工	技　工	工日	0.95	0.35	0.25	0.50	0.30	1.50
	普　工	工日	—	—	—	—	—	—
仪表	数字传输分析仪	台班	—	—	—	0.10	0.10	0.10
	数据业务分析仪	台班	—	0.10	0.10	—	—	—
	光功率计	台班	0.05	0.05	—	0.05	—	—
	稳定光源	台班	0.05	0.05	—	0.05	—	—
	光可变衰耗器	台班	0.10	0.05	—	0.05	—	0.20
	误码测试仪	台班	—	—	—	1.15	1.15	—

　　通信工程招投标，一般都是降点，施工单位降点大都体现在表三甲的"工日"上。如承担《××接入层 A2 设备（CiTRANS 640）设备安装工程》施工任务的施工单位投标降点 20%，也就是工日下浮 20%。则表三甲总工日见表 2 – 2 – 22。

表 2-2-22　建筑安装工程量预算表(表三)甲

序号	定额编号	项目名称	单位	数量	单位定额值/工日		合计值/工日	
					技工	普工	技工	普工
I	II	III	IV	V	VI	VII	VIII	IX
1	TSD5-021	室内布放电力电缆(单芯)(16 mm² 以下)	10 米条	6.00	0.15	0.00	0.90	0.00
2	TSY1-031	安装壁挂式数字分配箱	箱	1.00	1.75	0.00	1.75	0.00
3	TSY1-055	放绑 SYV 类射频同轴电缆(多芯)	100 米条	0.10	1.35	0.00	0.14	0.00
4	TSY1-079	放、绑软光纤—设备机架之间放、绑—15 m 以下	条	4.00	0.29	0.00	1.16	0.00
5	TSY1-102	安装加固吊挂	(处)	1.00	0.38	0.00	0.38	0.00
6	TSY2-001	安装测试 PDH 设备基本子架及公共单元盘	套	1.00	1.05	0.00	1.05	0.00
7	TSY2-012	安装测试传输设备接口盘(2 Mbit/s)	端口	8.00	0.75	0.00	6.00	0.00
8	TSY2-012	安装测试传输设备接口盘(2 Mbit/s)	端口	24.00	0.50	0.00	12.00	0.00
9	TSY2-013	安装测试传输设备接口盘(FE 口)	端口	8.00	4.65	0.00	37.20	0.00
10	TSY2-014	安装测试传输设备接口盘(GE 口)	端口	8.00	4.20	0.00	33.60	0.00
11	TSY2-014	安装测试传输设备接口盘(GE 口)	端口	4.00	6.30	0.00	25.20	0.00
12	TSY2-059	线路段光端对测	(方向·系统)	1.00	0.95	0.00	0.95	0.00
13	TSY2-061	系统通道调测—以太网接口(电口)	(端口)	8.00	0.25	0.00	2.00	0.00
14	TSY2-064	系统保护(倒换)测试	(环·系统)	0.20	1.50	0.00	0.30	0.00
15								
16		小计					122.63	0.00
17		工日下浮20%					-24.53	0.00
18		下浮后					98.1	0.00

(2)《建筑安装工程机械使用费预算表(表三)乙》计算如下:

预算中给出了机械台班数量,其台班单价在《信息通信建设工程施工机械、仪表台班单价》(一、信息通信建设工程施工机械台班单价)中查找。本次工程没用到机械台班,《建筑安装工程机械使用费预算表(表三)乙》见表 2-2-23。

表 2-2-23　建筑安装工程机械使用费预算表(表三)乙

序号	定额编号	项目名称	单位	数量	机械名称	单位定额值		合计值	
						消耗量(台班)	单价(元)	消耗量(台班)	合价(元)
I	II	III	IV	V	VI	VII	VIII	IX	IX

(3)《建筑安装工程仪器仪表使用费预算表(表三)丙》计算如下:

预算中给出了机械台班数量,其台班单价在《信息通信建设工程施工机械、仪表台班单价》(二、信息通信建设工程仪表台班单价)中查找。《建筑安装工程仪器仪表使用费预算表(表三)丙》见表 2-2-24。

表 2 - 2 - 24　建筑安装工程仪器仪表使用费预算表(表三)丙

序号	定额编号	项目名称	单位	数量	仪表名称	单位定额值		合计值	
						消耗量(台班)	单价(元)	消耗量(台班)	合价(元)
I	II	III	IV	V	VI	VII	VIII	IX	X
1	TSD5 - 021	室内布放电力电缆(单芯)(16 mm² 以下)	台班	6.00	绝缘电阻测试仪	0.10	120.0	0.60	72.00
2	TSY2 - 012	安装测试传输设备接口盘(2 Mbit/s)	台班	32.00	数字传输分析仪 155M/622M	0.05	350.0	1.60	560.00
3	TSY2 - 013	安装测试传输设备接口盘(FE 口)(拆除)	台班	8.00	数据业务测试仪 GE	0.05	192.0	0.40	76.80
4	TSY2 - 014	安装测试传输设备接口盘(GE 口)	台班	12.00	数据业务测试仪 GE	0.05	192.0	0.60	115.20
5	TSY2 - 013	安装测试传输设备接口盘(FE 口)(拆除)	台班	8.00	光可变衰耗器	0.03	129.0	0.24	30.96
6	TSY2 - 014	安装测试传输设备接口盘(GE 口)	台班	12.00	光可变衰耗器	0.03	129.00	0.36	46.44
7	TSY2 - 013	安装测试传输设备接口盘(FE 口)(拆除)	台班	8.00	光功率计	0.10	116.00	0.80	92.80
8	TSY2 - 014	安装测试传输设备接口盘(GE 口)	台班	12.00	光功率计	0.10	116.00	1.20	139.20
9	TSY2 - 013	安装测试传输设备接口盘(FE 口)(拆除)	台班	8.00	稳定光源	0.10	117.00	0.80	93.60
10	TSY2 - 014	安装测试传输设备接口盘(GE 口)	台班	12.00	稳定光源	0.10	117.00	1.20	140.40
11	TSY2 - 064	系统保护(倒换)测试	台班	0.20	数字传输分析仪 10 G	0.10	1181.00	0.02	23.62
12	TSY2 - 061	系统通道调测—以太网接口(电口)	台班	8.00	数据业务测试仪 GE	0.10	192.00	0.800	153.60
13	TSY2 - 059	线路段光端对测	台班	1.00	光功率计	0.05	116.00	0.05	5.80
14	TSY2 - 059	线路段光端对测	台班	1.00	稳定光源	0.05	117.00	0.05	5.85
15	TSY2 - 059	线路段光端对测	台班	1.00	光可变衰耗器	0.10	129.00	0.10	12.90
16	TSY2 - 064	系统保护(倒换)测试	台班	0.20	光可变衰耗器	0.20	129.00	0.04	5.16
17									
18		合计						8.86	1574.33
19									

任务8　编制预算表四设备、材料

(1)学生学会使用《信息通信建设工程费用定额》,掌握不同器材运杂费套用对应的运杂费率、不同工程专业套用对应的采购及保管费率。

(2)设备部分:

①主设备:

参照省公司 2016 年中标价格。

国内设备单价已包含运费等,设备直接送到分公司仓库,不再计列运杂费、采购及保管费、运保费等。

②材料部分:

供销部门手续费:不计列。

除水泥及水泥制品的运输距离按500 km计算,其他均按照1500 km计列相关费率。

采购及保管费:1%。

运保费:0.1%。

仪器仪表费:不计列。

维护车辆:不计列。

(注:本次辅材都为设备厂家配送,预算不计列)

国内器材预算表(表四)甲如表2-2-25所示。

表2-2-25 国内器材预算表(表四)甲

(国内设备表)

序号	名称	规格程式	单位	数量	单价(元)	合计(元)			备注
					除税价	除税价	增值税	含税价	
I	II	III	IV	V	VI	IX	X	XI	XII
1	**接入层A2设备	CiTRANS 640	块	1.00	20 000.00	20 000.00	3 400.00	23 400.00	甲供设备
2	数字配线盒DDF	20系统	块	1.00	350.00	350.00	59.50	409.5	甲供设备
3	尾纤	FC/PC-LC/PC×10 m	条	4.00	50.00	200.00	34.00	234.0	甲供设备
4	(1)小计		0	0	0.00	20 550.00	3 493.50	24 043.5	甲供设备
5	合计一:(1)~(5)之和		0	0	0.00	20 550.00	3 493.50	24 043.5	0
6	总计		0	0	0.00	20 550.00	3 493.50	24 043.5	0
7									

任务9 编制预算表二

编制制预算表二也就是《建筑安装工程费用预算表(表二)》,主要是让学生熟悉并熟练使用《信息通信建设工程费用定额》。该表也称"建安费"表,直接与施工单位的结算费用关联。

《建筑安装工程费用预算表(表二)》可是组成工程总价值的一部分,同时也是院、监理公司计费额的一部分。根据任务可知,施工单位投标降点主要体现在《建筑安装工程量预算表(表三)甲》工日下浮中,其工日直接与《建筑安装工程费用预算表(表二)》关联。

因施工单位降点与设计院、监理公司无关,所以需要单独编制一个施工单位不下浮降点的《建筑安装工程费用预算表(表二)》,专用用于表五,计算设计、监理费和安全生产费。

安全生产费用根据工信部通信〔2015〕406号《通信建设工程安全生产管理规定》第七条勘察、设计单位的安全生产责任:"(三)设计单位编制工程概预算时,必须按照相关规定全额列出安全生产费用"要求,《建筑安装工程费用预算表(表二)》费用是不能用施工单位降点下浮的。建筑安装工程费用预算表(表二)(下浮)见表2-2-26,建筑安装工程费用预算表(表二)(未下浮)见表2-2-27。

表2-2-26 建筑安装工程费用预算表（表二）（下浮）

序号 I	费用名称 II	依据和计算方法 III	合计/元 IV	序号 I	费用名称 II	依据和计算方法 III	合计/元 IV
	建筑安装工程费（含税价）	一至四之和	29 860	7	夜间施工增加费	人工费×2.10%	258
	建筑安装工程费（除税价）	一至三之和	26 901	8	冬雨季施工增加费	人工费×0.00%	0
一	直接费	（一）（二）之和	15 889	9	生产工具用具使用费	人工费×0.80%	98
（一）	直接工程费	1~4之和	13 561	10	施工用水电蒸汽费	依照施工工艺要求按实计	0
1	人工费	技工费+普工费	12 302	11	特殊地区施工增加费	特殊地区：总工日×3.20元	0
（1）	技工费	技工工日×114元×80%	12 302	12	已完工程及设备保护费	按实计	0
（2）	普工费	普工工日×61元×80%	0	13	运土费	工程量（t·km）×运费单价[元/（t·km）]	0
2	材料费	主材费+辅材费	0	14	施工队伍调遣费	（单程调遣费定额×调遣人数）×2	0
（1）	主要材料费	国内主材费	0	15	大型施工机械调遣费	调遣用车运价×调遣运距×2	0
（2）	辅助材料费	主材费×3.00%	0	二	间接费	（一）+（二）	8 551
3	机械使用费	机械台班单价×消耗量×80%	0	（一）	规费	1~4之和	5 181
4	仪表使用费	仪表台班单价×消耗量×80%	1 259	1	工程排污费	根据施工所在地政府部门相关规定	
（二）	措施项目费	1~15之和	2 328	2	社会保障费	人工费×28.50%	4 382
1	文明施工费	人工费×0.80%	123	3	住房公积金	人工费×4.19%	644
2	工地器材搬运费	人工费×1.10%+二次搬运费200元	335	4	危险作业意外伤害保险费	人工费×1.00%	154
3	工程干扰费	人工费×0	0	（二）	企业管理费	人工费×27.40%	3 371
4	工程点交、场地清理费	人工费×2.50%	308	三	利润	人工费×20.00%	2 460
5	临时设施费	人工费×7.60%	935	四	销项税额	（一+二+三-其中甲供材料费）×11.00% + 甲供材料费×17.00%	2 959
6	工程车辆使用费	人工费×2.20%	271				

表 2-2-27　建筑安装工程费用预算表（表二）（下浮）

序号 I	费用名称 II	依据和计算方法 III	合计/元 IV
	建筑安装工程费（含税价）	一至四之和	35 798
	建筑安装工程费（除税价）	一至三之和	32 250
一	直接费	（一）至（二）之和	19 781
（一）	人工费	1~4之和	16 952
1	技工费	技工工日×114元×100%	15 377
（1）	普工费	普工工日×61元×100%	1 574
2	材料费	主材费+辅材费	0
（1）	主要材料费	国内主材费	0
（2）	辅助材料费	主材费×3.00%	0
3	机械使用费	机械台班单价×消耗量×100%	0
4	仪表使用费	仪表台班单价×消耗量×100%	0
（二）	措施项目费	1~15之和	2 829
1	文明施工费	人工费×0.80%	123
2	工地器材搬运费	人工费×1.10%+二次搬运费200元	369
3	工程干扰费	人工费×0	0
4	工程点交、场地清理费	人工费×2.50%	384
5	临时设施使用费	人工费×7.60%	1 169
6	工程车辆使用费	人工费×2.20%	338
7	夜间施工增加费	人工费×2.10%	323
8	冬雨季施工增加费	人工费×0.00%	0
9	生产工具用具使用费	人工费×0.80%	123
10	施工用水电蒸汽费	依照施工工艺要求按实计	0
11	特殊地区施工增加费	特殊地区：总工日×3.20元	0
12	已完工程及设备保护费	按实计	0
13	运土费	工程量（t·km）×运费单价[元/（t·km）]	0
14	施工队伍调遣费	（单程调遣费定额×调遣人数）×2	0
15	大型施工机械调遣费	调遣用车运价×调遣运距×2	0
二	间接费	（一）+（二）之和	9 394
（一）	规费	1~4之和	5 181
1	工程排污费	根据施工所在地政府部门相关规定	
2	社会保障费	人工费×28.50%	4 382
3	住房公积金	人工费×4.19%	644
4	危险作业意外伤害保险费	人工费×1.00%	154
（二）	企业管理费	人工费×27.40%	4 213
三	利润	人工费×20.00%	3 075
四	销项税额	（一+二+三-其中甲供材料费）×11.00% + 甲供材料费×17.00%	3 548

任务 10　编制预算表五

编制预算表五,也就是编制《工程建设其他费预算表(表五)甲》,即其他费,主要是让学生熟悉并熟练使用《信息通信建设工程费用定额》。

1. 建设用地及综合赔补费

(1)根据应征建设用地面积、临时用地面积,按建设项目所在省、自治区、直辖市人民政府制定颁发的土地征用补偿费、安置补助费标准和耕地占用税、城镇土地使用税标准计算。

(2)建设用地上的建(构)筑物如需迁建,其迁建补偿费应按迁建补偿协议计列或按新建同类工程造价计算。

2. 建设单位管理费

建设单位可根据《关于印发〈基本建设项目建设成本管理规定〉的通知》(财建〔2016〕504号),结合自身实际情况制定项目建设管理费取费规则。

如建设项目采用工程总承包方式,其总包管理费由建设单位与总包单位根据总包工作范围在合同中商定,从项目建设管理费中列支。

3. 可行性研究费

根据《国家发展改革委关于进一步放开建设项目专业服务价格的通知》(发改价格〔2015〕299号)文件的要求,可行性研究服务收费实行市场调节价。

4. 研究试验费

(1)根据建设项目研究试验内容和要求进行编制。

(2)研究试验费不包括以下项目:

①应由科技三项费用(新产品试制费、中间试验费和重要科学研究补助费)开支的项目;

②应在建筑安装费用中列支的施工企业对材料、构件进行一般鉴定、检查所发生的费用及技术革新的研究试验费。

③应由勘察设计费或工程费中开支的项目。

5. 勘察设计费

目前勘察设计费是设计院按照××运营商框架合同计取。按设计院中标合同价格计列(传输专业勘察设计一个新建边缘层设备勘察设计费为 593 元);根据《国家发展改革委关于进一步放开建设项目专业服务价格的通知》(发改价格〔2015〕299号)文件的要求,勘察设计服务收费实行市场调节价。

勘察设计费 = 传输专业勘察设计费招标基准值×折扣率

$$= 835 \times 71\%$$
$$= 593(元)$$

6. 劳动安全卫生评价费

不计取。

7. 建设工程监理费

根据《国家发展改革委关于进一步放开建设项目专业服务价格的通知》(发改价格〔2015〕299号)文件的要求,建设工程监理服务收费实行市场调节价。可参照相关标准作为计价基础。

目前建设工程监理费执行国家发改委、建设部关于《通信建设监理与相关服务收费管理规定》的通知发改价格〔2007〕670 号文件。

监理费计算前,先要判断设备费是否打四折,其判断如表 2 - 2 - 28 所示。

表 2 - 2 - 28　判断设备费是否打四折

设备费	建安费	工程费	工程费40%	判　　断	
20 550.00	26 901.00	47 451.00	18 980.40	工程费 40% < 设备费?	由于此建设工程工程费 40% <设备费, 所以判断设备费需要打四折

$$监理费 = (设备购置费 \times 40\% + 安装工程费) \times 监理收费率 \times 监理降点$$
$$= (20\,550 \times 40\% + 26\,901) \times 3.3\% \times 85\%$$
$$= 985.14\ 元$$

8. 安全生产费

参照《关于印发〈企业安全生产费用提取和使用管理办法〉的通知》财企〔2012〕16 号文件规定执行。

安全生产费 = 建筑安装工程费用预算表(表二)(下浮前工程费) × 1.5% = 32 250 × 1.5% = 483.75(元)

9. 引进技术和引进设备其他费

(1)引进项目图纸资料翻译复制费:根据引进项目的具体情况计列或按引进设备到岸价的比例估列。

(2)出国人员费用:依据合同规定的出国人次、期限和费用标准计算。生活费及制装费按照财政部、外交部规定的现行标准计算,旅费按中国民航公布的国际航线票价计算。

(3)来华人员费用:应依据引进合同有关条款规定计算。引进合同价款中已包括的费用内容不得重复计算。来华人员接待费可按每人次费用指标计算。

(4)银行担保及承诺费:应按担保或承诺协议计取。

10. 工程招标代理费

《国家发展改革委关于进一步放开建设项目专业服务价格的通知》(发改价格〔2015〕299号)文件的要求,工程招标代理服务收费实行市场调节价。

11. 专利及专用技术使用费

(1)按专利使用许可协议和专有技术使用合同的规定计列。

(2)专有技术的界定应以省、部级鉴定机构的批准为依据。

(3)项目投资中只计取需要在建设期支付的专利及专有技术使用费。协议或合同规定在生产期支付的使用费应在成本中核算。

12. 其他费用

根据工程实际计列。

13. 生产准备及开办费

新建项目按设计定员为基数计算,改扩建项目按新增设计定员为基数计算:生产准备及开办费 = 设计定员 × 生产准备费指标(元/人)生产准备及开办费指标由投资企业自行测算。此项费用列入运营费。

工程建设其他费预算表(表五)甲如表 2 - 2 - 29 所示。

表 2 – 2 – 29　工程建设其他费预算表（表五）甲

序号	费 用 名 称	计算依据及方法	金额/元		
			除税价	增值税	含税价
I	II	III	IV	V	VI
1	建设用地及综合赔补费	不计取			
2	建设单位管理费	不计取			
3	可行编制费	可研批复投资 ×0.4%，可研批复投资为 50 749.6 元	203.00	12.18	215.18
4	研究试验费	不计取			
5	勘察设计费	根据中标价计取	593.00	35.58	628.58
6	其中:边缘层设备勘察设计费	根据合同按 593 元/km 计取 1 端	593.00	35.58	628.58
7	劳动安全卫生评价费	不计取			
8	建设工程监理费	按国家发改委、建设部〔2007〕670 号文件计算	985.14	59.11	1044.25
9	安全生产费	建筑安装工程费用预算表（表二）（下浮前工程费）×1.5%	483.76	53.21	536.97
10	引进技术及引进设备其他费	不计取			
11	工程招标代理费				
12	专利及专利技术使用费	不计取			
13	总　　计		2264.89	160.09	2424.98
14	生产准备及开办费（运营费）	不计取			

任务 11　编制预算表一

编制预算表一,也就编制《工程预算总表（表一）》,主要是让学生熟悉并熟练使用《信息通信建设工程费用定额》。通过本表可以看出安装一台××接入层 A2 设备总投资为 57348 元。同时可以分析各项费用的组成。工程预算总表（表一）如表 2 – 2 – 30 所示。

表 2 – 2 – 30　工程预算总表（表一）

序号	表格编号	费用名称	小型建筑工程费	需要安装的设备费	不需安装的设备、工器具费	建筑安装工程费	其他费用	预备费	总　价　值			
									除税价	增值税	含税价	其中外币（　）
			（元）									
I	II	III	IV	V	VI	VII	VIII	IX	X	XI	XII	XIII
1	TSY – ST – 02	工程费（折扣前）		20 550		32 250			52 800	7 041	59 841	
	TSY – ST – 02	工程费（折扣后）		20 550		26 901			47 451	6 453	53 904	

序号	表格编号	费用名称	小型建筑工程费	需要安装的设备费	不需安装的设备、工器具费	建筑安装工程费	其他费用	预备费	总价值			
									除税价	增值税	含税价	其中外币( )
			（元）									
I	II	III	IV	V	VI	VII	VIII	IX	X	XI	XII	XIII
2	TSY – ST – 09	工程建设其他费					2 265		2 265	160	2 425	
		合计	20 550			26 901	2 265		49 716	6 613	56 329	
3		建设期利息（合计投资×0.041/2）							1 019		1 019	
		总　计	20 550	0		26 901	2 265		50 735	6 613	57 348	

应会技能训练　单项工程概预算文件编制

1. 实训目的

熟悉和掌握单项工程概预算文件编制流程、技巧、方法。

2. 实训内容

（1）按照本项目所讲的流程、技巧和方法用手工的形式编制本工程的概预算文件。

（2）在计算机上用通信工程概预算软件编制本项目的概预算文件。

（3）比较两者的不同并找出原因。

（4）写出概预算编制说明。

（5）形成概预算最终文件。

项目 ③ 无线通信设备安装工程设计

无线通信设备安装工程设计的主要依据是《设计任务书》。《设计任务书》是确定项目建设方案的基本文件，它是建设单位以可行性研究报告推荐的最佳方案为基础进行编写的，报请主管部门批准生效后下达给设计单位。

工程设计是设计院接到《设计任务书》后，从以下几方面综合考虑完成工程设计工作：

（1）按照国家的有关政策、法规、技术规范，在规定的范围内，考虑拟建工程在综合技术的可行性、先进性及其社会效益、经济效益。

（2）结合客观条件，应用相关的科学技术成果和长期积累的设计经验。

（3）按照工程建设的需要，利用现场勘察、测量所取得的基础资料、数据和技术标准。

（4）运用现阶段的材料、设备和机械、仪器等编制概（预）算，将可行性研究中推荐的最佳方案具体化，形成图纸、预算、文字，为工程实施提供依据的过程。

目前，我国对于规模较小的工程采用一阶段设计，大部分项目采用二阶段设计，比较重大的项目采用三阶段设计（即初步设计阶段、技术设计阶段、施工图设计阶段）。

目前在无线通信设备安装工程设计中，大型汇聚层和核心层无线设备安装工程建设不多，主要的任务来自基站的基带处理单元（BBU）、射频拉远单元（RRU）和天线等三个无线设备的安装。建设单位根据各营销中心客户经理提供的市场需求信息，经建设主管部门分析同意立项后，形成《单项工程设计任务书》，通过电子邮件的形式发送到设计院，设计院接单后及时启动实施该工程的设计工作（施工图设计）。××运营商 F1 无线设备安装单项工程设计委托书见表 2 - 3 - 1。

表 2 - 3 - 1　××运营商 F1 无线设备安装工程设计委托书

项目名称：	××运营商 F1 无线设备安装工程		
需求单编号：	2017 - WXJZ - 0057	客户经理：×××	
所属区域：	城郊	电话号码：××××××××××	
项目类型：	新建		
需求申请日期：	2017 年 8 月 5 日	要求完成日期：	2017 年 8 月 20 日
客户名称：	××××××	联系人：	×××
客户属性：	工厂	联系电话：	××××××××××
通信地址：	××市××区××镇××米落地塔		

项目简述/效益 预测分析	项目背景	该站点位于××市××区××镇,有A、B、C、D四个厂房,其中厂房D有10 个车间,要求为4个厂房新建FTTH全覆盖工程
	业务预测	周边居民用户感知和上网体验得到提升,预计将带来100~200个联通客户
	效益预测	××元/月
	备注:	
发展预测:		周边居民用户感知和上网体验得到提升

该项目以《××运营商F1无线设备安装工程设计委托书》为基础,紧密结合工程设计实际,将项目细分为11个任务:任务1工程勘察、任务2方案设计、任务3绘制设计图、任务4计算主要工程量、任务5计算主要设备材料、任务6制作预算表一至表五、任务7编制预算表三甲、乙、丙、任务8编制预算表四设备、材料、任务9编制预算表二、任务10编制预算表五、任务11编制预算表一。下面详细介绍无线通信设备安装工程设计的方法和步骤。

任务1 工程勘察

工程勘察的流程如图2-3-1所示。

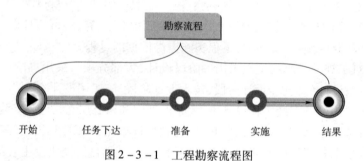

图2-3-1 工程勘察流程图

设计院根据勘察流程,将收到的设计任务书根据专业分类,将该工程的勘察任务下达相应勘察小组按期完成勘察工作。

在勘察准备阶段,勘察人员要做好如下工作:

(1)根据设计任务书的需求搜集原有设计资料、工程资料,查看原有站点现有的基站配置、基站的网络制式和是否有位置安装新增设备。

(2)利用谷歌地图系统将现网无线站点图层导入,进一步了解周围站点分布情况,大体规划本期站点天线方位角,在草图上大概标注,去现场再次核实。

(3)准备勘察工具:指南针、GPS、手电筒、卷尺、螺丝刀、绘图板、激光测距仪、有毒有害气体检测仪、可燃气体检测仪、安全帽、反光衣等。

(4)联系管理基站钥匙人员,确定勘察时间。

勘察人员在对工程进行实地勘察时,除要绘制勘察草图、填写勘察表外。还要根据工信部通信〔2015〕406号《通信建设工程安全生产管理规定》第七条勘察、设计单位的安全生产责任:(一)勘察单位应当按照法律、法规和工程建设强制性标准进行勘察,提供的勘察文件应当

通信工程设计实务

真实、准确,满足通信建设工程安全生产的需要。在勘察作业时,应当严格执行操作规程,采取措施保证各类管线、电缆线、基站设备的安全。对有可能引发通信工程安全隐患的灾害提出防治措施。详细记录工程风险因素。

勘察过程中若出现与《设计任务书》有较大出入的情况,需填写信息反馈表或备忘录,及时上报原下达设计任务书的单位,并重新审定设计方案,经无线主设备负责人确认后提交做退单处理。

勘察结束后,整理勘察草图,统计无线设备类型、数量,电缆线长度,为工程方案设计做准备。××运营商 F1 无线设备安装工程勘察草图如图 2-3-2 和图 2-3-3 所示。

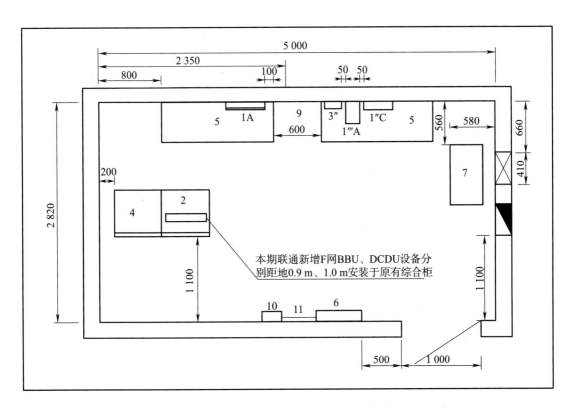

图 2-3-2　××运营商 F1 无线设备安装工程勘察草图 1(BBU 侧)

工程勘察结束后,就可进行设计工作了,其设计流程如图 2-3-4 所示。

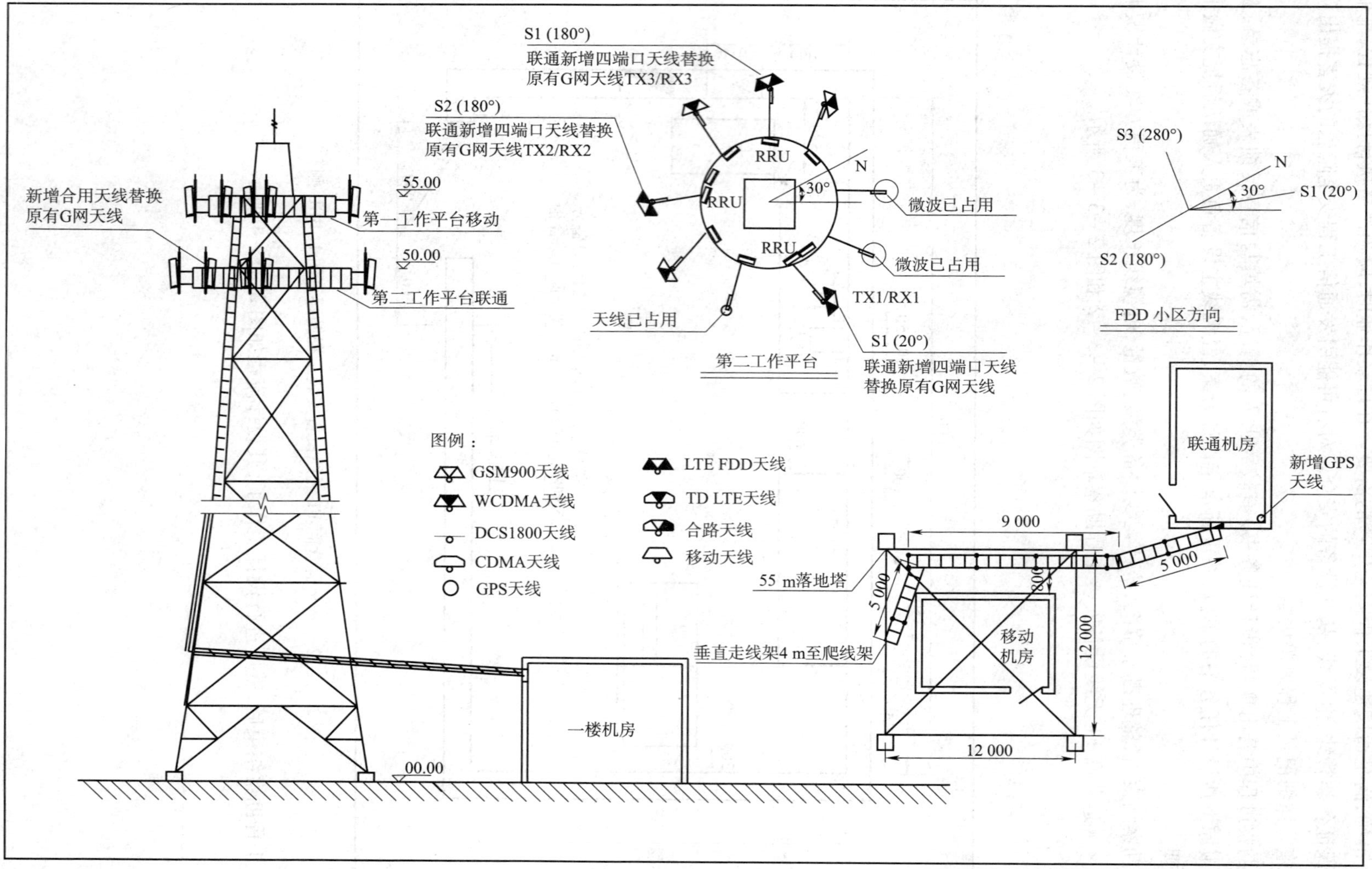

图2-3-3　××运营商F1无线设备安装工程勘察草图2（RRU侧、天线）

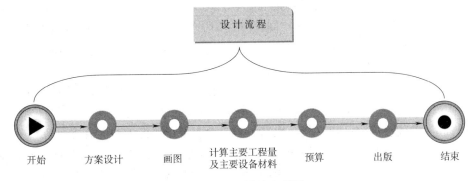

图 2-3-4 设计流程图

任务2 方案设计

在方案设计中,有基站设备平面布置图、基站机房走线架平面布置图、基站机房电缆路由示意图、基站天馈线安装示意图、基站设备接地安装示意图五部分内容。

1. 基站设备平面布置图(BBU 侧)

无线设备的安装应以工程设计任务书和机房空间是否有安装位置为依据,结合勘察情况,设备安装必须满足通信需要,保证通信质量,安全可靠、经济合理,便于维护和施工。基站设备平面布置图首先需要画出机房现状,其次判断是否有空间安装本次工程所需设备。

对于××运营商 F1 无线设备安装工程,鉴于机房内有综合机柜且有剩余空间安装无线设备,所以本期新增一台无线设备(BBU)安装于综合机柜内。

2. 基站机房走线架平面布置图

××运营商 F1 无线设备安装工程除了画出机房现状外还需画出机房走线架平面图,以便清晰指出无线设备的走线方式,指导施工。设备之间的线缆敷设必须要经过走线架敷设,保证设备安全以及有利于维护。

3. 基站机房电缆路由示意图

基站机房电缆路由示意图需要画出设备之间的所需的线缆类型及规格。另外需注意的是,无线专业和传输专业的走线需布放于走线架不同侧,同层走线架需避免相交。

4. 基站天馈线安装示意图(RRU 侧以及天线安装)

基站天馈线安装示意图主要是室外无线设备的安装,室外无线设备的安装主要包括射频拉远设备和天线设备的安装。本期工程需要安装 3 台 RRU 和 3 副天线及替换原有天线。新增的 3 台 RRU 和 3 副天线安装于落地塔第二平台上。新增 GPS 天线安装于机房顶,GPS 天线需做好防雷接地措施,天线安装以磁北方向为 0°,角度按顺时针方向旋转。天线应受避雷针的保护,天线支撑杆应妥善接地。直流端子至 RRU 的直流电源线全部沿走线架走线,BBU 至 RRU 的光纤建议用 PVC 管保护,RRU 至天线口采用 1/2 英寸软跳线。

5. 基站设备接地安装示意图

①铁塔或楼顶桅杆(抱杆)上架设的馈线应分别在天线处、离塔(杆)处以及机房入口处就近接地,天线侧馈线的接地可通过天线接地来实现。当馈线长度大于 30 m 时,宜在铁塔中部

增加一个接地点,接地连接线应采用截面积不小于 10 mm² 的多股铜线。

②对于分布式基站,当天线和 RRU 同杆(塔)时,馈线应两端接地。馈线两端的接地可分别通过天线和 RRU 来实施而无须附加接地处理。当天线和 RRU 不同杆(塔)时,如果水平距离超过 5 m,宜在天线抱杆(塔)的离杆(塔)处增加一个接地点。

③室外走线架始末两端均应接地。室外走线架在机房馈窗口处的接地应单独引接地线至地网,不能与馈窗接地汇流排相连,也不能与馈窗接地汇流排合用接地引入线。

④当机房内有馈线避雷器时,其接地端子应就近连接到馈窗接地汇流排上。

⑤基站收发信机射频接口(含馈线)的雷电防护性能应满足《通信局(站)防雷与接地工程设计规范》(YD 5098—2005)中的要求,即不小于 5 kA(8/20μs)的雷电流防护能力。未能达到上述防护标准要求的,应敦促相关设备厂家进行完善、整改,或加装相同防护等级的馈线避 SPD。

任务3 绘制设计图

设计图是设计人员经过工程勘察、方案设计比选后,充分反映设计意图,使工程各项技术措施具体化,是工程建设施工、监理的依据。故设计图必须有详细的尺寸、具体的做法和要求。图上应注有准确的位置、地点,使施工人员按照施工图纸就可以施工。

无线设备安装工程图包括基站设备平面布置图、基站机房走线架平面布置图、基站机房电缆路由示意图、基站天馈线安装示意图、基站设备接地安装示意图常用的通用图等。如在设计图纸中插入沿途拍摄的现场彩色照片,对建设和施工单位更深入了解工程的情况和设计意图将起到更好的效果。下面分以下几方面说明绘制设计图的要求:

1. 绘制设计图总体要求

(1)工程制图应根据表述对象的性质、论述的目的与内容,选取适宜的图纸及表达手段,以便完整地表述主题内容。

(2)图面应布局合理,排列均匀,轮廓清晰且便于识别。

(3)图纸中应选用合适的图线宽度,避免图中线条过粗或过细。

(4)应正确使用国家标准和行业标准规定的图形符号。派生新的符号时,应符合国家标准符号的派生规律,并在合适的地方加以说明。

(5)在保证图面布局紧凑和使用方便的前提下,应选择合适的图纸幅面,使原图大小适中。

(6)应准确地按规定标注各种必要的技术数据和注释,并按规定进行书写或打印。

(7)工程图纸应按规定设置图衔,并按规定的责任范围签字,各种图纸应按规定顺序编号。

(8)施工图中需要标出重要的安全风险因素。

2. 图纸的图签

根据中华人民共和国通信行业标准 YD/T 5015—2015《通信工程制图与图形符号规定》5.7.2 图纸图签签字要求,图纸图签签字要符合要求,签字范围及要求如下:

(1)设计人、单项设计负责人、审核人、设计总负责人本工程编号图纸全部签字。

(2)部门主管:签署除通用图、部件加工图以外的本工程编号的全部图纸。

（3）公司主管：各项总图、带方案性质的图纸必签，其他图纸可选，通用图、部件加工图可不签。

签署注意事项：

①结合审查程序，签署应自下而上进行，图签可采用通用格式。

②有些图纸同一级由两人签署时，在图衔签字栏内的左右格内分别签署。

③无须主管签字的栏画斜杠。

④通用图、经过专业项目审核签字的并反复使用的图纸，可以采用复印版本。

⑤共用图：本工程设计图纸，各册间通用的图纸，均需要签字。

⑥对于多家设计单位共同完成的设计文件，依据设计合同要求对各自承担的设计文件按照各自单位图签进行签署。对于总册、汇总册的相关图纸分别使用相关设计单位的图签进行签署。

3. 图纸图号

（1）一般形式为：设计编号、设计阶段—专业代号—图纸编号，图纸编号一般按顺序号编制。

（2）对于全国网或跨省级干线工程的分省级、分段或移动通信分业务区等，有特殊需求时可变更如下：

设计编号（x）设计阶段—专业代号（y）—图纸编号。

其中，（x）为省或业务区的代号，（y）表示不同的册号或区分不同的通信站、点的代号。

（3）专业代号应遵循 YD/T 5015—2015《通信工程制图与图形符号规定》，对于通信技术发展及细化而产生的专业或单项业务工程，要求专业代号首先套用已有单项工程专业，如 GPRS 套用移动通信"YD"，在无合适的专业可套用时可以按规定要求派生，但派生的专业代号要经过单位技术主管（总工程师）批准。

4. 图纸图幅

工程图纸幅面和图框大小应符合国家标准 GB/T 6988.1—2008《电气技术用文件的编制 第1部分：规则》的规定，应采用 A0、A1、A2、A3、A4 及其 A3、A4 加长的图纸幅面。其相应尺寸见表2-3-2。

表2-3-2 工程图幅尺寸表

代号	尺寸/(mm×mm)
A0	841×1189
A1	594×841
A2	420×595
A3	297×420
A4	210×297

应根据表述对象的规模大小、复杂程度、所要表达的详细程度、有无图衔及注释的数量来选择较小的合适幅面。

A0~A3 图纸横式使用，A4 图纸立式使用；根据表述对象的规模大小、复杂程度、所表达的详细程度、有无图衔及注释的数量来选择较小的合适幅面。

5. 图纸图线

图纸图线的制图要求如表2-3-3所示。

表2-3-3　图纸图线制图要求

图线名称	图线型式	一般用途
实线	———————	基本线条:图纸主要内容用线,可见轮廓线
虚线	- - - - - - -	辅助线条:屏蔽线,机械连接线,不可见轮廓线、计划扩展内容用线
点画线	—·—·—·—	图框线:表示分界线、结构图框线、功能图框线、分级网框线
双点画线	—··—··—	辅助图框线:表示更多的功能组合或从某种图框中区分不属于它的功能部件

（1）图线宽度一般从以下系列中选用：

0.25 mm,0.35 mm,0.5 mm,0.7 mm,1.0 mm,1.4 mm。

（2）通常宜选用两种宽度的图线。粗线的宽度为细线宽度的两倍,主要图线采用粗线,次要图线采用细线。对于复杂的图纸也可采用粗、中、细三种线宽,线的宽度按2的倍数依次递增,但线宽种类不宜过多。

（3）使用图线绘图时,应使图形的比例和配线协调恰当,重点突出,主次分明。在同一张通信图纸上,按不同比例绘制的图样及同类图形的图线粗细应保持一致。

（4）应使用细实线作为最常用的线条。在以细实线为主的图纸上,粗实线应主要用于图纸的图框及需要突出的部分。指引线、尺寸标注线应使用细实线。

（5）当需要区分新安装的设备时,宜用粗线表示新设备,细线表示原有设施,虚线表示规划预留部分。

（6）平行线之间的最小间距不宜小于粗线宽度的两倍,且不得小于0.7 mm。

6. 图纸比例

（1）对于平面布置图、管道及光(电)缆线路图、设备加固图及零件加工图等图纸,应按比例绘制;方案示意图、系统图、原理图等可不按比例绘制,但应按工作顺序、线路走向、信息流向排列。

（2）对于平面布置图、线路图和区域规划性质的图纸,宜采用以下比例：

1:10,1:20,1:50,1:100,1:200,1:500,1:1 000,1:2 000,1:5 000,1:10 000,1:50 000 等。

（3）对于设备加固图及零件加工图等图纸宜采用的比例为1:2,1:4 等。

（4）应根据图纸表达的内容深度和选用的图幅,选择合适的比例。

（5）对于通信线路及管道类的图纸,为了更方便地表达周围环境情况,可采用沿线路方向按一种比例,而周围环境的横向距离宜采用另外的比例,或示意性绘制。

7. 图纸标注

（1）图中的尺寸单位：

标高和管线长度的尺寸单位用米(m)表示,如路由图、立面图标高等。

其他的尺寸单位用毫米(mm)表示:如机房图、机架、设备图、加固图等。

（2）尺寸界线、尺寸线及尺寸起止符号：

图样上的尺寸,应包括尺寸界线、尺寸线、尺寸起止符号和尺寸数字。

尺寸界线用细实线绘制,两端应画尺寸箭头(斜短线),指到尺寸界线上表示尺寸的起止。统一采用斜短线。

（3）尺寸数字：

尺寸数值应顺着尺寸线方向写并符合视图方向。

数值的高度方向应和尺寸线垂直并不得被任何图线穿过。

（4）有关建筑用尺寸标注：可按 GB/T 2010《建筑制图标准》要求标注。

（5）尺寸数字的排列与布置：尺寸数字依据其读数方向注写在靠近尺寸线的上方中部。

（6）尺寸宜标注在图样轮廓线以外，不宜与图纸、文字及符号等相交。

（7）图线不得穿过尺寸数字，不可避免时，应将尺寸数字处的图线断开。

（8）互相平行的尺寸线，应从被注的图样轮廓由近向远整齐排列，小尺寸应离轮廓线较近，大尺寸应离轮廓线较远。

图纸标注示例如图 2－3－5 所示。

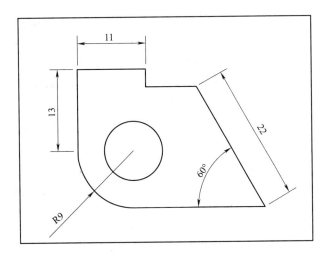

图 2－3－5　图纸标注示例

8. 图纸字体

（1）图中书写的文字均应字体工整、笔画清晰、排列整齐、间隔均匀

（2）图中的"技术要求"、"说明"或"注"等字样，应写在具体文字内容的左上方，并使用比文字内容大一号的字体书写。

（3）在图中所涉及数量的数字，均应用阿拉伯数字表示。

（4）字体一般选用"宋体"或"仿宋"，同一图纸字体需统一。

9. 图纸图衔

（1）电信工程图纸应有图衔，图衔的位置应在图面的右下角。

（2）电信工程常用标准图衔为长方形，大小宜为 30 mm × 180 mm（高×长）。图衔应包括图名、图号、设计单位名称、相关审校核人等内容。某设计院有限公司图衔如图 2－3－6 所示。

10. 图上标示风险点

设计人员还要根据工信部通信〔2015〕406 号《通信建设工程安全生产管理规定》第七条勘察、设计单位的安全生产责任中第二点：

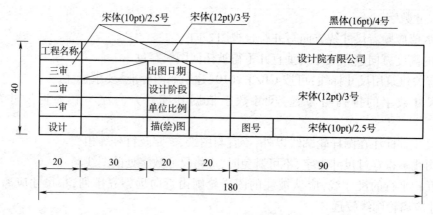

图 2-3-6　图纸图衔示例图

设计单位应当按照法律、法规和工程建设强制性标准进行设计,防止因设计不合理导致生产安全事故的发生。

设计单位应当考虑施工安全操作和防护的需要,对涉及施工安全的重点部位和环节在设计文件中注明,对防范生产安全事故提出指导意见,并在设计交底环节就安全风险防范措施向施工单位进行详细说明。

必须在每一张施工图纸中,对于存在的安全风险点应该有明显的标识,并在旁边写明应对安全风险的注意事项。

如无线通信设备安装工程安全风险因素:

(1)设备在安装时(含自立式设备),应用膨胀螺栓对地加固。在需要抗震加固的地区,应按设计要求,对设备采取抗震加固措施。

(2)在已运行的设备旁安装机架时应防止碰撞原有设备。

(3)严禁擅自关断运行设备的电源开关。(强制性要求)

(4)不得将交流电源线挂在通信设备上。

(5)使用机房原有电源插座时应核实电源容量。

(6)不得脚踩铁架、机架、电缆走道、端子板及弹簧排。

(7)涉电作业应使用绝缘良好的工具,并由专业人员操作。在带电的设备、头柜、分支柜中操作时,不得佩戴金属饰物,并采取有效措施防止螺丝钉、垫片、金属屑等金属材料掉落。

(8)铁架、槽道、机架、人字梯上不得放置工具和器材。

(9)在运行设备顶部操作时,应对运行设备采取防护措施,避免工具、螺丝等金属物品落入机柜内。

(10)在通信设备的顶部或附近墙壁钻孔时,应采取遮盖措施,避免铁屑、灰尘落入设备内。对墙、天花板钻孔则应避开梁柱钢筋和内部管线。

本工程设计图如图 2-3-7 至图 2-3-11 所示。

通信工程设计实务

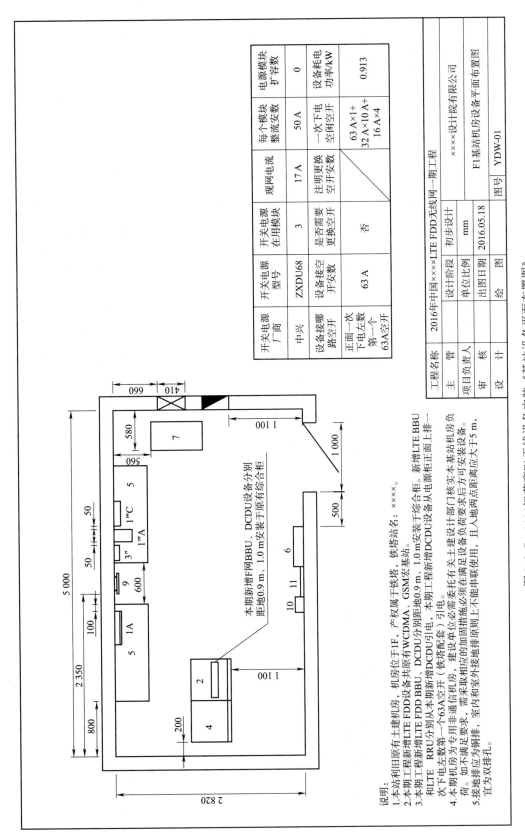

图 2-3-7 ××运营商F1无线设备安装《基站设备平面布置图》

说明：
1.本站利用原有土建机房，机房位于1F，产权属于铁塔，铁塔站名：××××。
2.本期工程新增LTE FDD设备共原有WCDMA、GSM发基站。
3.本期工程新增LTE FDD BBU、DCDU分别距地0.9 m，1.0 m安装于综合柜。新增LTE BBU和本期工程新增DCDU设备从电源柜正面上排一次下电左数第个63A空开（铁塔配套）引电。新LTE RRU分别从本期新增DCDU引电。
4.本期机房为专用非通信机房，建设单位必需委托有关土建设计部门核实本基站机房负荷，如不满足要求，需采取相应的加固措施必须满足设备负荷要求后方可安装设备。
5.接地排应为铜排，室内和室外接地排互相之间不能串联原则上下能串联排列，且人地两点距离应不于5 m，宜为双排孔。

本期新增F网BBU、DCDU设备分别距地0.9 m，1.0 m安装于原有综合柜

开关电源厂商	开关电源型号	开关电源在用模块	现网电流	每个模块整流电流	电源模块扩容数
中兴	ZXDU68	3	17 A	50 A	0
设备接哪路空开	设备接空开安装数	是否需要更换空开	注明更换空开安装数	一次下电空闲空开	设备耗电功率/kW
正面一次下电左数第一个63A空开	63 A	否		63 A×1+ 32 A×10 A+ 16 A×4	0.913

工程名称	2016年中国×××LTE FDD无线网一期工程		
主管	设计阶段	初步设计	
项目负责人	单位比例	mm	×××设计院有限公司
审核	出图日期	2016.05.18	F1基站机房设备平面布置图
设计	绘图		图号 YDW-01

尺寸: 660, 410, 580, 560, 50, 50, 600, 100, 800, 200, 5 000, 2 350, 1 100, 1 100, 1 000, 500, 2 820

1A 1"C 1"A 3" 9 10 11 2 4 5 6 7

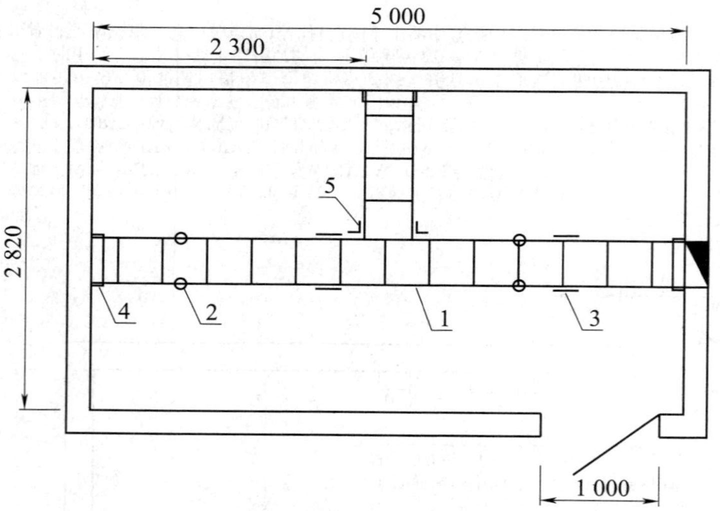

上层走线架（电源线）

垂直走线架1.5米

垂直走线架0.5米

下层下走线架（信号线）

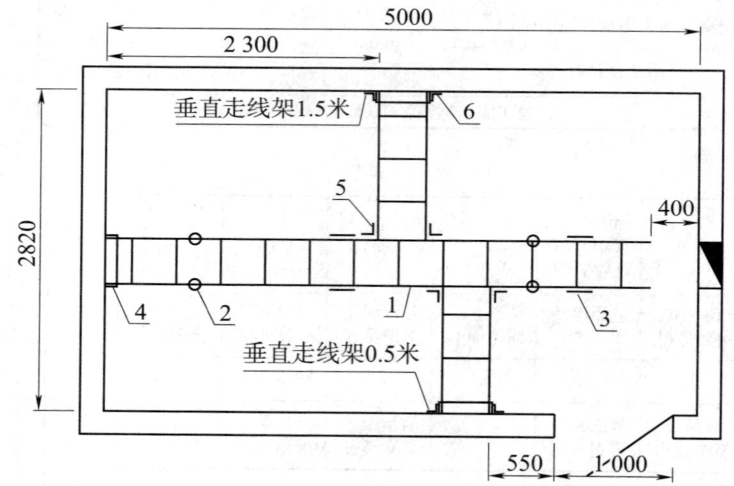

工程名称	2016年中国×××LTE FDD无线网一期工程		
主 管	设计阶段	初步设计	××××设计院有限公司
项目负责人	单位比例	mm	F1基站机房走线架平面布置图
审 核	出图日期	2016.05.18	
设 计	绘 图		图号 YDW-02

图2-3-8 ××运营商F1无线设备安装《基站机房走线架平面布置图》

说明：
1.本站为共旧站，新增LTE FDD设备，利旧原有走线架和馈线窗。

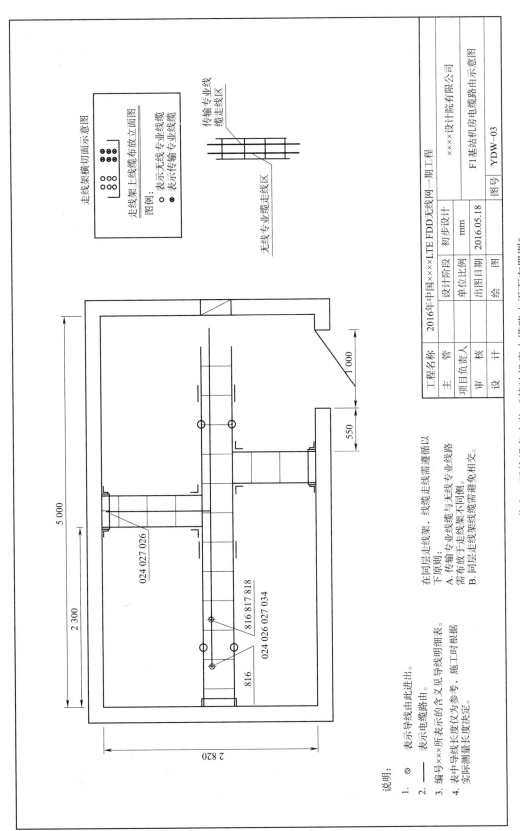

图 2-3-9 ××运营商F1无线设备安装《基站机房电缆路由平面布置图》

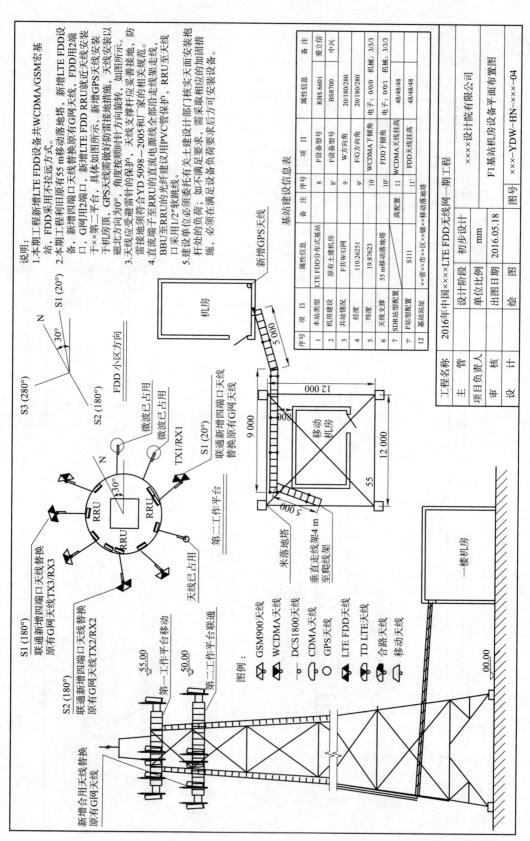

图 2-3-10 ××运营商F1无线设备安装《基站天线馈线安装示意图》

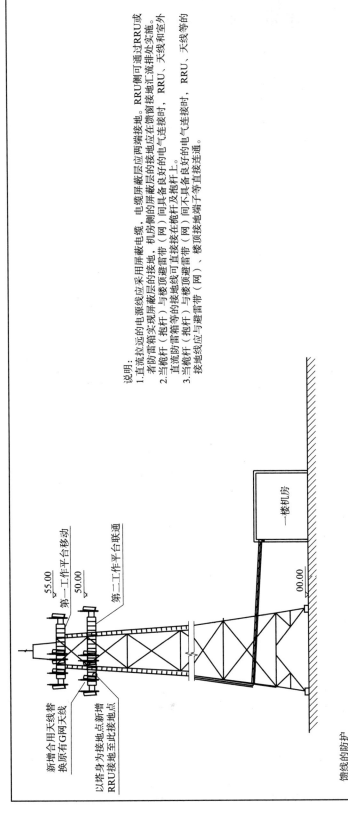

图 2-3-11 ××运营商F1无线设备安装（基站设备接地安装图）

说明：
1. 直流拉远的电源线应采用屏蔽电缆，电缆屏蔽层两端接地。电缆屏蔽层的接地，机房侧的屏蔽排（网）同接地排处实施，RRU侧可通过RRU或者防雷箱实现屏蔽层的接地。
2. 当抱杆（抱杆）与楼顶避雷带（网）同具备良好的电气连接时，RRU、天线和室外直流防雷箱等的接地线可直接接在抱杆及抱杆上。
3. 当抱杆（抱杆）与避雷带（网）同不具备良好的电气连接时，RRU、天线等的电气连接时，RRU、天线等的接地线应与楼顶避雷带（网）、楼顶接地端子等直接连通。

工程名称	2016年中国×××LTE FDD无线网一期工程		
主 管		设计阶段	初步设计
项目负责人		单位比例	mm
审 核		出图日期	2016.05.18
设 计		图 图	绘 图
F1基站机房设备接地安装图			
		图号	×××-YDW-HN-×××-04

新增合用天线替换原有G网天线

第一工作平台移动 55.00

第二工作平台 50.00

以塔身为接地点新增
RRU接地至此接地点

第二工作平台联通

一楼机房

00.00

馈线的防护
1. 铁塔或楼顶抱杆（抱杆）上架设的馈线应分别在天线处、离塔（杆）处以及机房入口处就近接地，天线侧馈线可通过天线接地来实现。当馈线长度大于30 m时，宜在铁塔中部增加一个接地点，接地连接线应采用截面积不小于10 mm²的多股铜线。
2. 对于分布式基站，当天线和RRU同杆（塔）时，馈线应两端的接地处理。当天线和RRU实施无须附加接地处理，宜在天线抱杆（塔）的离杆（塔）处增加一个接地。如果水平距离超过5 m，室外走线架末两端应做接地。
3. 室外走线架始末两端应在机房馈窗口处单独引接地引入线。室外走线架在末端与馈线连接，也不能与馈窗避雷器相连，其接近就近连接到馈窗接地排上。
4. 当机房内有馈线避雷器时，其接地端子应就近连接到馈窗接地排上。
5. 基站收发信机射频接口（YD 5098—2005）中的馈线，的雷电防护性能应满足《通信局站防雷与接地工程设计规范》（含馈线）的雷电防护性能要求，即不小于5 kA（8/20 μs）的雷电流防护能力。未能达到上述防护标准要求的，应敦促相关设备厂家进行完善、整改，或增加相同防护等级的馈线避雷SPD。

设计和计设建诚通信通——通信建设工程设计 第二分册 121

任务4 计算主要工程量

当设计图绘制完成后，首先计算本工程主要工程量。计算工程量一般依据施工前后顺序，从《信息通信建设工程预算定额》第三册无线通信设备安装工程第一章开始计算到第五章结束，这样计算不会漏项。××运营商F1无线设备安装工程的工程量统计表见表2-3-4。

表2-3-4 工程量统计表

序号	项 目 名 称	单位	数量
1	安装基站主设备(机柜/箱嵌入式)	台	1
2	地面铁塔上安装射频拉远设备(40 m以下)	套	3
3	地面铁塔上安装射频拉远设备(40 m以上至80 m以下每增加1 m)	套	24
4	安装调测卫星全球定位系统(GPS)天线	副	1
5	宏基站天、馈线系统调测1/2英寸射频同轴电缆-GPS	条	1
6	地面铁塔上安装定向天线(40 m以下)	副	3
7	地面铁塔上安装定向天线(40 m以上至80 m以下每增加1 m)	副	24
8	布放射频同轴电缆1/2英寸以下(4 m以下)	条	6
9	布放射频拉远单元(RRU)用光缆	米	270
10	室内布放电力电缆2芯(16 mm² 以下)	十米条	0.8
11	室外布放电力电缆2芯(16 mm² 以下)	十米条	27
12	室内布放电力电缆单芯(35 mm² 以下)	十米条	0.6
13	室外布放电力电缆单芯(35 mm² 以下)	十米条	1.5
14	配合联网调测	站	1
15	配合基站割接、开通	站	1
16	拆除定向天线地面铁塔上40 m以下	副	3
17	拆除定向天线地面铁塔上40 m以上每增加10 m	副	24

另外工程量的单位是定额"单位"，这点要注意。

（1）安装基站主设备(机柜/箱嵌入式)——单位：台；数量：1。

基带处理单元安装在综合机柜内，故按照定额工程量统计为安装基站主设备(机柜/箱嵌入式)。

（2）地面铁塔上安装射频拉远设备(40 m以下)——单位：套数；量：3。

（3）地面铁塔上安装射频拉远设备(40 m以上至80 m以下每增加1 m)——单位：套；数量：24。

（4）安装调测卫星全球定位系统(GPS)天线——单位：副；数量：1。

（5）宏基站天、馈线系统调测1/2英寸射频同轴电缆-GPS——单位：条；数量：1。

（6）地面铁塔上安装定向天线(40 m以下)——单位：副；数量：3。

（7）地面铁塔上安装定向天线(40 m以上至80 m以下每增加1 m)——单位：副；数量：24。

（8）布放射频同轴电缆1/2英寸以下(4 m以下)——单位：条；数量：6。

（9）布放射频拉远单元（RRU）用光缆——单位：米；数量：270。

（10）室内布放电力电缆2芯（16 mm² 以下）——单位：十米条；数量：0.8。

（11）室外布放电力电缆2芯（16 mm² 以下）——单位：十米条；数量：27。

（12）室内布放电力电缆单芯（35 mm² 以下）——单位：十米条；数量：0.6。

（13）室外布放电力电缆单芯（35 mm² 以下）——单位：十米条；数量：1.5。

（14）配合联网调测——单位：站；数量：1。

（15）配合基站割接、开通——单位：站；数量：1。

（16）拆除定向天线地面铁塔上40 m以下——单位：副；数量：3。

（17）拆除定向天线地面铁塔上40 m以上每增加10 m——单位：副；数量：24。

任务5 计算主要设备材料

新增一台LTE FDD BBU，新增三台LTE FDD RRU，新增GPS避雷器托盘、直流分配模块DCPC6，新增一台GPS天线和20 m GPS馈线，新增三副四端口LTE天线，新增270 m直联光纤（LC-LC），BBU端至RRU端，新增6条1/2英寸软跳线；RRU端至天线，工程所需主要设备见表2-3-5，新增电缆数量及规格见表2-3-6。

表2-3-5 工程所需主要设备表

本期工程主要设备					
物资名称	设备型号	设备尺寸/（mm × mm × mm）	物资规格/站型配置	单位	设计数量
LTE FDD BBU	中兴 R8200-FDD	482.6×88.4×197	S111	个	1
LTE FDD RRU	中兴 B8862-FDD	220×133×425	直流	个	3
GPS避雷器托盘	GPS避雷器托盘	482.6×43.6×228		个	1
直流分配模块DCPC6		482.6×43.6×228	直流	个	1
GPS天线				副	1
GPS馈线				米	20
四端口天线	电调天线_GSM900 + GSM1800/WCDMA 四端口,65°&65°17dBi&18dBi（手动）		宽频天线	副	3
1/2英寸软跳线				条	6
直联光纤（LC-LC）				米	90/90/90

表2-3-6 工程所需主要材料表

物资名称	线缆起点	线缆终点	设计电压/V	物资规格型号	载流量/A	条数	长度/m	线缆颜色
电缆	组合电源架	LTE FDD DCDU	48	ZA-RVV-2×16	97	1	6	
电缆	LTE FDD DCDU	LTE FDD BBU	48	ZA-RVV-2×10	72	1	2	
电缆	LTE FDD DCDU	LTE FDD RRU	48	ZA-RVV-2×10	72	1	270	
电缆	接地排/接地扁铁	LTE FDD BBU		ZA-RVV-1×35	162	1	2	黄绿色

物资名称	线缆起点	线缆终点	设计电压/V	物资规格型号	载流量/A	条数	长度/m	线缆颜色
电缆	接地排/接地扁铁	LTE FDD RRU		ZA－RVV－1×35	162	3	5	黄绿色
电缆	接地排/接地扁铁	LTE FDD DCDU		ZA－RVV－1×35	162	1	2	黄绿色
电缆	接地排/接地扁铁	LTE－GPS 避雷器		ZA－RVV－1×35	162	1	2	黄绿色
尾纤	FDD LTE 设备	传输机柜		尾纤		1	标配长度	

任务 6　制作预算表一至表五

(1)提供《××运营商 F1 无线设备安装工程》预算表一至表五的 PDF 文档(见表 1 - 5 - 29 至表 1 - 5 - 38)。

(2)让学生用 Excel 办公软件编制转换成预算表一至表五 Excel 文档,并达到表内数据自动计算、自动链接,表间数据自动链接、全套预算表自动生成的目的。

学生完成任务 6 的目的:

(1)让学生熟悉《信息通信建设工程概预算编制规程》《信息通信建设工程费用定额》。

(2)让学生熟悉用 Excel 办公软件解决工作中大量数据统计、计算问题。

任务 7　编制预算表三

从这个任务开始,就进入预算阶段了,首先编制,《建筑安装工程量预算表(表三)甲》《建筑安装工程机械使用费预算表(表三)乙》《建筑安装工程仪器仪表使用费预算表(表三)丙》。

在编制预算表三甲、乙、丙中,学生要学会使用《信息通信建设工程预算定额》对应的册及《信息通信建设工程施工机械、仪表台班单价》。

计算《××运营商 F1 无线设备安装工程》工程量主要套用《信息通信建设工程预算定额》第三册无线通信和设备安装工程以及第一册通信电源设备安装工程两册内容。

预算表中的单位是定额单位。数量的来源是任务 4 中数据。

(1)《建筑安装工程量预算表(表三)甲》各工序工程量计算如下:

①安装基站主设备(机柜/箱嵌入式)工日项目计算表见表 2 - 3 - 7。

②地面铁塔上安装射频拉远设备(40 m 以下)、地面铁塔上安装射频拉远设备(40 m 以上至 80 m 以下每增加 1 m)两项目工日计算见表 2 - 3 - 8。

表 2 - 3 - 7　安装基站主设备(机柜/箱嵌入式)项目工日计算表

序号	定额编号	项目名称	单位	数量	单位定额值/工日		合计值/工日	
					技工	普工	技工	普工
I	II	III	IV	V	VI	VII	VIII	IX
1	TSW2－052	安装基站主设备(机柜/箱嵌入式)	台	1	1.08	0	1.08	0

定额编号		TSW2-049	TSW2-050	TSW2-051	TSW2-052
项 目		安装基站主设备①			
		室外落地式	室内落地式	壁挂式	机械/箱嵌入式
定额单位		部	架		台
名 称	单位	数 量			
人工 技 工	工日	7.17	5.92	3.06	1.08
人工 替 工	工日	—	—	—	—
主要材料 膨胀螺栓 M12×80	套	—	4.04	—	—
主要材料 膨胀螺栓 M10×80	套	—	—	4.04	—
机械 汽车式起重机(5 t)	台班	0.35	—	—	—
仪表					

注:①安装基站设备定额子目包括基本基带板,扩装设备板件子目仅适用于扩容工程。

表2-3-8 地面铁塔上安装射频拉远设备(40 m以下)、地面铁塔上安装射频拉远设备
(40 m以上至80 m以下每增加1 m)两项目工日计算表

序号	定额编号	项目名称	单位	数量	单位定额值/工日		合计值/工日	
					技工	普工	技工	普工
I	II	III	IV	V	VI	VII	VIII	IX
2	TSW2-055	地面铁塔上安装射频拉远设备(40 m以下)	套	1	2.88	0	2.88	0
3	TSW2-056	地面铁塔上安装射频拉远设备(40 m以上至80 m以下每增加1 m)	套	24	0.04	0	0.96	0

定额编号		TSW2-053	TSW2-054	TSW2-055	TSW2-056	TSW2-057	TSW2-058	TSW2-059	TSW2-060	TSW2-061	TSW2-062
项 目		安装射频拉送设备									
		楼顶铁塔上(高度)		地面铁塔上(高度)				拉线塔(橄榄杆)上	抱杆上	楼外墙壁	室内悬挂
		20 m以下	20 m以上每增加1 m	40 m以下	40 m以上80 m以下每增加1 m	10 m以上90 m以下	90 m以上每增加1 m				
定额单位		套									
名称	单位	数 量									
人工 技工	工日	2.69	0.04	2.88	0.04	4.25	0.1	3.06	2.13	2.88	1.94
人工 普工	工日	—	—	—	—	—	—	—	—	—	—
主要材料											
机械											
仪表											

③安装调测卫星全球定位系统(GPS)天线项目工日计算见表2-3-9。

表2-3-9　安装调测卫星全球定位系统(GPS)天线项目工日计算表

序号	定额编号	项目名称	单位	数量	单位定额值/工日		合计值/工日	
					技工	普工	技工	普工
I	II	III	IV	V	VI	VII	VIII	IX
4	TSW2-023	安装调测卫星全球定位系统(GPS)天线	副	1	1.8	0	1.8	0

定额编号			TSW2-023	TSW2-024	TSW2-025	TSW2-026
项　目			安装调测卫星全球定位系统(GPS)天线	安装室内天线		
				高度6 m以下	高度6 m以上	电梯井
定额单位			副	副		
名　称		单位	数　量			
人工	技　工	工日	1.80	0.83	1.08	2.13
	普　工	工日	—	—	—	—
主要材料	天线支架	个	—	(1.00)	(1.00)	(1.00)
机械	自动升降机	台	—	—	(0.60)	—
仪表						

④宏基站天、馈线系统调测1/2英寸射频同轴电缆-GPS项目工日计算见表2-3-10。

表2-3-10　宏基站天、馈线系统调测1/2英寸射频同轴电缆-GPS项目工日计算表

序号	定额编号	项目名称	单位	数量	单位定额值/工日		合计值/工日	
					技工	普工	技工	普工
I	II	III	IV	V	VI	VII	VIII	IX
5	TSW2-044	宏基站天、馈线系统调测1/2英寸射频同轴电缆—GPS	条	1	0.38	0	0.38	0

通信工程设计实务

定额编号			TSW2-044	TSW2-045	TSW2-046	TSW2-047	TSW2-048
项目			宏基站天、馈线系统调测[1][2]		室内分布式天、馈线系统调测[3]	泄漏式电缆调测[3]	配合测天、馈线系统[4]
			1/2英寸射频同轴电缆	7/8英寸射频同轴电缆			
定额单位			条	条	条	百米条	扇区
名　　称		单位			数　　量		
人工	技　工	工日	0.38	1.10	0.56	2.25	0.47
	普　工	工日	—	—	—	—	—
主要材料							
机械							
仪表	天馈线测试仪	台班	0.05	0.14	0.07	0.40	—
	操作测试终端（电脑）	台班	0.05	0.14	0.07	0.40	—
	互调测试仪	台班	0.05	0.14	0.07	0.40	—

注：[1]基站天、馈线调测以"条"为单位（光缆/馈线两接头之间为一条）计算。

[2]宏基站天、馈线系统调测定额中7/8英寸射频同轴电缆调测人工工日包含两端1/2英寸射频同轴电缆的调测人工工日。

[3]"配合调测天、馈线系统"定额子目，适用于由设备供货厂家负责天、馈线系统调测时，仅计列施工单位的配合用工。

[4]如果多个频段在同一条同轴电缆调测，每增加一个频段，人工工日及仪表台班分别增加0.3系数。

⑤地面铁塔上安装定向天线（40 m以下）、地面铁塔上安装定向天线（40 m以上至80 m以下每增加1 m）两项目工日计算如表2-3-11所示。

表2-3-11　地面铁塔上安装定向天线（40 m以下）、地面铁塔上安装定向天线

（40 m以上至80 m以下每增加1 m）两项目工日计算表

序号	定额编号	项目名称	单位	数量	单位定额值/工日		合计值/工日	
					技工	普工	技工	普工
I	II	III	IV	V	VI	VII	VIII	IX
6	TSW2-011	地面铁塔上安装定向天线（40 m以下）	副	3	6.35	0	19.05	0
7	TSW2-012	地面铁塔上安装定向天线（40 m以上至80 m以下每增加1 m）	副	24	0.08	0	1.92	0

定额编号		TSW2-009	TSW2-010	TSW2-011	TSW2-012	TSW2-013	TSW2-014	TSW2-015	TSW2-016	TSW2-017
项目						安装定向天线				
		楼顶铁塔上（高度）		地面铁塔上（高度）				拉线塔（抱杆）上	抱杆[1]	楼外墙壁[2]
		20 m以下	20 m以上每增加1 m	40 m以下	40 m以上80 m以下每增加1 m	80 m以上至90 m以下	90 m以上每增加1 m			
定额单位						副				
名称	单位					数　量				
人工	技工 工日	5.70	0.08	6.35	0.08	11.95	0.16	7.73	4.42	8.13
	普工 工日	—	—	—	—	—	—	—	—	—
主要材料										
机械										
仪表										

注：[1]支撑杆上安装天线套用接线塔上安装天线。

[2]抱杆上安装天线指在无平台独立钢管上进行天线安装。

⑥布放射频同轴电缆 1/2 英寸以下(4 m 以下)项目工日计算见表 2-3-12。

表 2-3-12　布放射频同轴电缆 1/2 英寸以下(4 m 以下)工日计算表

序号	定额编号	项目名称	单位	数量	单位定额值/工日		合计值/工日	
					技工	普工	技工	普工
I	II	III	IV	V	VI	VII	VIII	IX
8	TSW2-027	布放射频同轴电缆 1/2 英寸以下(4 m 以下)	条	6	0.2	0	1.2	0

定额编号			TSW2-027	TSW2-028	TSW2-029	TSW2-030	TSW2-031	TSW2-032
项　　目			布放射频同轴电缆 1/2 英寸以下		布放射频同轴电缆 7/8 英寸以下		布放射频同轴电缆 1/2 英寸以上	
			4 m 以上	每增加 1 m	10 m 以下	每增加 1 m	10 m 以下	每增加 1 m
定额单位			条	米条	条	米条	条	米条
名　　称		单位	数　　量					
人工	技　工	工日	0.20	0.03	0.98	0.06	1.63	0.08
	普　工	工日	—	—	—	—	—	—
主要材料	射频同轴电缆 1/2 英寸以下	m	*	1.02	—	—	—	—
	馈线卡子 1/2 英寸以下	套	*	0.86	—	—	—	—
	射频同轴电缆 7/8 英寸以上	m	—	—	—	—	10.20	1.02
	馈线卡子 7/8 英寸以上	套	—	—	—	—	10.20	0.86
机械	汽车发电机	台班	—	—	—	(0.04)	—	(0.04)

注：①布放泄漏式射频同轴电缆定额工日，按本定额相应子目工日乘以系数 1.1。
　　②套管、竖井或顶棚上方布放射频同轴电缆，按本定额相应子目工日乘以系数 1.3，普通隧道内布放射频同轴电缆，按布放馈线定额子目工日乘以系数 1.3，高铁隧道内布放射频同轴电缆，按布放馈线定额子目工日乘以系数 1.5。
　　③设备出厂时如已配有成套馈线及固定件，则套用布放馈线定额时不再计划主要材料。
　　④布放 1/2 英寸以下的射频同轴电缆，如果电缆在出厂时已连接好电缆端头，工日按乘以系数 0.4 计列。

⑦布放射频拉远单元(RRU)用光缆项目工日计算见表 2-3-13。

⑧室内布放电力电缆 2 芯(16 mm² 以下)、室内布放电力电缆单芯(35 mm² 以下)两项目见表 2-3-14。

表 2-3-13　布放射频拉远单元(RRU)用光缆项目工日计算表

序号	定额编号	项目名称	单位	数量	单位定额值/工日		合计值/工日	
					技工	普工	技工	普工
I	II	III	IV	V	VI	VII	VIII	IX
9	TSW1-058	布放射频拉远单元(RRU)用光缆	米条	270	0.04	0	10.8	0

定额编号			TSW1－058	TSW1－059
项　目			布放射频拉远单元（RRU）用光缆①	制作光缆成端接头
定额单位			米条	芯
名　称		单位	数　量	
人工	技　工	工日	0.04	0.15
	普　工	工日	—	—
主要材料	光缆	m	*	—
	光缆成端接头材料	套	—	1.01
	热缩管	m	—	*
机械	光纤熔接机	台班	—	0.03
仪表	光时域反射仪	台班	—	0.05

注：①布放光电混合缆人工工日，按布放射频拉远单元用光缆人工工日数乘以1.2系数。

表2－3－14　室内布放电力电缆2芯（16 mm² 以下）、室内布放电力电缆单芯（35 mm² 以下）

两项目工日计算表

序号	定额编号	项目名称	单位	数量	单位定额值／工日		合计值／工日	
					技工	普工	技工	普工
I	II	III	IV	V	VI	VII	VIII	IX
10	TSW1－060	室内布放电力电缆2芯（16 mm² 以下）	十米条	0.8	0.243	0	0.1944	0
11	TSW1－061	室内布放电力电缆单芯（35 mm² 以下）	十米条	0.6	0.25	0	0.15	0

定额编号			TSW1－060	TSW1－061	TSW1－062	TSW1－063	TSW1－064	TSW1－065	TSW1－066	TSW1－067
项　目			室内布放电力电缆（单芯相线截面积）							安装列内电源线
			16 mm² 以下	35 mm² 以下	70 mm² 以下	120 mm² 以下	185 mm² 以下	240 mm² 以下	500 mm² 以下	
定额单位			十米条							列
名　称		单位	数　量							
人工	技　工	工日	0.18	0.25	0.36	0.49	0.60	0.76	1.20	1.50
	普　工	工日	—	—	—	—	—	—	—	—
主要材料	电力电缆	m	10.15	10.15	10.15	10.15	10.15	10.15	10.15	*
	接线端子	个/条	2.03	2.03	2.03	2.03	2.03	2.03	2.03	*
机械										
仪表										

注：①布放电力电缆按中心考虑，对于2芯电力电缆的布放，按单芯相应工日数乘以1.35系数。对于3芯及3＋1芯电力电缆的布放，按单芯相应工日数乘以2.75系数。

②安装列内电源线按六个机架（两主两备）考虑，每超过一个机架（或增加一主一备）另增加0.25工日，材料消耗量按实计列。

⑨室外布放电力电缆2芯（16 mm² 以下）、室外布放电力电缆单芯（35 mm² 以下）两项目

工日计算见表 2-3-15。

工日计算见表 2-3-15。

表 2-3-15　室外布放电力电缆 2 芯（16 mm² 以下）、室外布放电力电缆单芯（35 mm² 以下）两项目工日计算表

序号	定额编号	项目名称	单位	数量	单位定额值/工日		合计值/工日	
					技工	普工	技工	普工
I	II	III	IV	V	VI	VII	VIII	IX
12	TSW1-068	室外布放电力电缆 2 芯（16 mm² 以下）	十米条	27	0.243	0	6.561	0
13	TSW1-069	室外布放电力电缆单芯（35 mm² 以下）	十米条	1.5	0.24	0	0.36	0

定额编号		TSW1-068	TSW1-069	TSW1-070	TSW1-071	TSW1-072	TSW1-073	TSW1-074
项　目		室外布放电力电缆（单芯）						
		16 mm² 以下	35 mm² 以下	70 mm² 以下	120 mm² 以下	185 mm² 以下	240 mm² 以下	500 mm² 以下
定额单位		十米条						
名　称	单位	数　量						
人工	技工 工日	0.18	0.24	0.33	0.43	0.52	0.69	1 015
	普工 工日	—	—	—	—	—	—	—
主要材料	电力电缆 m	10.15	10.15	10.15	10.15	10.15	10.15	10.15
	接线端子 个/条	2.03	2.03	2.03	2.03	2.03	2.03	2.03
机械								
仪表								

⑩配合联网调测、配合基站割接、开通工日计算两项目见表 2-3-16。

表 2-3-16　配合联网调测、配合基站割接、开通工日计算两项目工日计算表

序号	定额编号	项目名称	单位	数量	单位定额值/工日		合计值/工日	
					技工	普工	技工	普工
I	II	III	IV	V	VI	VII	VIII	IX
14	TSW2-094	配合联网调测	站	1	2.11	0	2.11	0
15	TSW1-095	配合基站割接、开通	站	1	1.3	0	1.3	0

定额编号		TSW2－094	TSW2－095
项　目		配合联网调测①	配合基站割接、开通
定额单位		站	站
名　称	单位	数　量	
人工 技　工	工日	2.11	1.30
人工 普　工	工日	—	—
主要材料			
机械			
仪表			

注：①"配合联网调测"定额子目,适用于设备厂家负责联网调测时,仅计列施工单位的配合用工。

⑪拆除定向天线地面铁塔上 40 m 以下、拆除定向天线地面铁塔上 40 m 以上每增加 10 m
两项目工日计算见表 2－3－17。

表 2－3－17　拆除定向天线地面铁塔上 40 m 以下、拆除定向天线地面铁塔上
40 m 以上每增加 10 m 两项目工日计算表

序号	定额编号	项目名称	单位	数量	单位定额值/工日		合计值/工日	
					技工	普工	技工	普工
Ⅰ	Ⅱ	Ⅲ	Ⅳ	Ⅴ	Ⅵ	Ⅶ	Ⅷ	Ⅸ
16	TSW2－011	拆除定向天线地面铁塔上 40 m 以下	站	3	6.35	0	19.05	0
17	TSW2－012	拆除定向天线地面铁塔上 40 m 以上每增加 10 m	站	24	0.08	0	1.92	0

定额编号		TSW2－009	TSW2－010	TSW2－011	TSW2－012	TSW2－013	TSW2－014	TSW2－015	TSW2－016	TSW2－017
项　目						安装定向天线				
		楼顶铁塔上(高度)		地面铁塔上(高度)				拉线塔(抱杆)上	抱杆①	楼外墙壁②
		20 m 以下	20 m 以上每增加 1 m	40 m 以下	40 m 以上至 80 m 以下每增加 1 m	80 m 以上至 90 m 以下	90 m 以上每增加 1 m			
定额单位						副				
名称	单位					数量				
人工 技工	工日	5.70	0.08	6.35	0.08	11.95	0.16	7.73	4.42	8.13
人工 普工	工日	—	—	—	—	—	—	—	—	—
主要材料										
机械										
仪表										

注：①支撑杆上安装天线套用拉线塔上安装子目。
　　②抱杆上安装天线指在无平台独立钢管上进行天线安装。

⑫敷设硬质 PVC 管/槽工日计算如表 2-3-18 所示。

表 2-3-18　敷设硬质 PVC 管/槽工日计算表

序号	定额编号	项目名称	单位	数量	单位定额值/工日		合计值/工日	
					技工	普工	技工	普工
I	II	III	IV	V	VI	VII	VIII	IX
18	TSW1-036	敷设硬质 PVC 管/槽	十米	38	0.17	0	6.46	0

定额编号			TSW1-036	TSW1-037	TSW1-038	TSW1-039	TSW1-040	TSW1-041
项　目			敷设硬质 PVC 管/槽	敷设钢管	安装波纹软管	安装电表箱	安装打印机	安装维护用微机终端
定额单位					十米	个		台
名　称	单位				数　量			
人工	技　工	工日	0.17	0.22	0.12	0.63	0.19	0.67
	普　工	工日	—	—	—	—	—	—
主要材料	硬质 PVC 管(槽)	m	10.50	—	—	—	—	—
	钢管	m	—	10.50	—	—	—	—
	管(槽)配件	套/条	*	*	*	—	—	—
	波纹软管	m	—	—	10.50	—	—	—
	管卡	套	*	*	*	—	—	—
机械								

通信工程招投标,一般都是降点,施工单位降点大都体现在表二(折扣后)的"工日"上。如承担《××运营商 F1 无线通信设备工程》施工任务的施工单位投标降点为 21%,工日下浮 21% 的表三甲工日见表 2-3-19。

表 2-3-19　建筑安装工程量预算表(表三)甲

序号	定额编号	项目名称	单位	数量	单位定额值/工日		合计值/工日	
					技工	普工	技工	普工
I	II	III	IV	V	VI	VII	VIII	IX
1	TSW1-058	布防射频拉远单元(RRU)用光缆	米条	270.00	0.04	0	10.8	0
2	TSW2-011	地面铁塔上安装定向天线(40 m 以下)	副	3.00	6.35	0	19.05	0
3	TSW2-012	地面铁塔上安装定向天线(40 m 以上至 80 m 以下每增加 1 m)	副	24.00	0.08	0	1.92	0

序号	定额编号	项目名称	单位	数量	单位定额值/工日		合计值/工日	
					技工	普工	技工	普工
I	II	III	IV	V	VI	VII	VIII	IX
4	TSW2-011	拆除定向天线地面铁塔上40 m以下	副	3.00	6.35	0	19.05	0
5	TSW2-012	拆除定向天线地面铁塔上40 m以上每增加10 m	副	24.00	0.08	0	1.92	0
6	TSW2-023	安装调测卫星全球定位系统（GPS）天线	副	1.00	1.8	0	1.8	0
7	TSW2-044	宏基站天、馈线系统调测1/2英寸射频同轴电缆-GPS	条	1.00	0.38	0	0.38	0
8	TSW2-027	布放射频同轴电缆1/2英寸以下（4 m以下）	条	6.00	0.2	0	1.2	0
9	TSW2-052	安装基站主设备（机柜/箱嵌入式）	台	1.00	1.08	0	1.08	0
10	TSW2-055	地面铁塔上安装射频拉远设备（40 m以下）	套	3.00	2.88	0	8.64	0
11	TSW2-056	地面铁塔上安装射频拉远设备（40 m以上至80 m以下每增加1 m）	套	24.00	0.04	0	0.96	0
12	TSW1-060	室内布放电力电缆2芯（16 mm²以下）	十米条	0.8	0.243	0	0.1944	0
13	TSW1-060	室外布放电力电缆2芯（16 mm²以下）	十米条	27	0.243	0	6.561	0
14	TSW1-061	室内布放电力电缆单芯（35 mm²以下）	十米条	0.6	0.25	0	0.15	0
15	TSW1-061	室外布放电力电缆单芯（35 mm²以下）	十米条	1.5	0.24	0	0.36	0
16	TSW2-094	配合联网调测	站	1.00	2.11	0	2.11	0
17	TSW2-095	配合基站割接、开通	站	1.00	1.3	0	1.3	0
18	TSW1-036	敷设硬质PVC管/槽	十米	38.00	0.17	0	6.46	0
19		合计					83.9354	

第二部分 信息通信建设工程设计

任务8 编制预算表四设备、材料

（1）学生学会使用《信息通信建设工程费用定额》，掌握不同器材运杂费套用对应的运杂费率、不同工程专业套用对应的采购及保管费率。

（2）设备价格、材料价格以建设单位提供的合同为准。

主材设备涉及监理计费额，设备费打四折的问题，从上述文件中得知，只有工程中无线设备、天线才可以进入表四设备表。国内器材预算表（表四）甲（国内主材表）见表2-3-20，国内器材预算表（表四）甲（国内设备表）见表2-3-21。

表2-3-20 国内器材预算表（表四）甲

（国内主材表）

序号	名称	规格程序	单位	数量	单价	合计		
					除税价	除税价	增值税	含税价
I	II	III	IV	V	VI	VII	VIII	IX
1	天馈安装材料		套	1.00	1 709	1 709	291	2 000
2	PVC 管		米	380.00	5	2 054	226	2 280
3	小　计				0	3 763	517	4 280
4	运杂费	不计			0	0	0	0
5	运输保险费	不计			0	0	0	0
6	采购及保管费	不计			0	0	0	0
7	采购代理服务费	按实计列（已经含在单价中）				0	0	0
8	合　计				0	3 763	517	4 280

表2-3-21 国内器材预算表（表四）甲

（国内设备表）

序号	名称	规格程序	单位	数量	单价	合计		
					除税价	除税价	增值税	含税价
I	II	III	IV	V	VI	VII	VIII	IX
1	S111（2T2R）	中兴	站	1.00	66 602	66 602	10 255	76 857
2	网管	中兴	载扇	3.00	366	1 098	187	1 285
3	安装辅材	中兴	套	3.00	6 838	20 513	3 487	24 000
4	4端口电调天线	1 710~2 170 MHz	副	3.00	1 795	5 385	915	6 300
5	小　计					93 597	14 845	108 442
6	运杂费	不计				0	0	0
7	运输保险费	不计				0	0	0
8	采购及保管费	不计				0	0	0
9	采购代理服务费	按实计列（已经含在单价中）				0	0	0
10	合　计					93 597	14 845	108 442

任务9　编制预算表二

　　编制预算表二也就是《建筑安装工程费用预算表(表二)》,主要是让学生熟悉并熟练使用《信息通信建设工程费用定额》。该表也简称"建安费"表,直接与施工单位的结算费用关联。

　　《建筑安装工程费用预算表(表二)》是组成工程总价值的一部分,同时也是设计院、监理公司计费额的一部分。根据任务7,施工单位投标降点主要体现在《建筑安装工程量预算表(表三)甲》工日下浮中,其工日直接与《建筑安装工程费用预算表(表二)》关联。

　　因施工单位降点与设计院、监理公司无关,所以需要单独编制一个施工单位不下浮降点的《建筑安装工程费用预算表(表二)》,专用于表五,计算设计、监理费和安全生产费。

　　安全生产费用根据工信部通信〔2015〕406号《通信建设工程安全生产管理规定》第七条勘察、设计单位的安全生产责任:"(三)设计单位编制工程概预算时,必须按照相关规定全额列出安全生产费用"要求,《建筑安装工程费用预算表(表二)》费用是不能用施工单位降点下浮的。建筑安装工程费用预算表(表二)(下浮)见表2-3-22,建筑安装工程费用预算表(表二)(未下浮)见表2-3-23。

表2-3-22　建筑安装工程费用预算表(表二)(下浮)

序号	费用名称	依据和计算方法	合计/元	序号	费用名称	依据和计算方法	合计/元
I	II	III	IV	I	II	III	IV
	建安工程费(含税价)	一+二+三+四	13 844.06	12	已完工程及设备保护费	不计列	0.00
	建安工程费(除税价)	一+二+三	10 379.65	13	运土费	不计列	0.00
一	直接费	(一)+(二)	6 221.19	14	施工队伍调遣费	2×单程调遣费×调遣人数	0.00
(一)	直接工程费	1+2+3+4	5 848.47	15	大型施工机械调遣费	不计列	0.00
1	人工费	(1)+(2)	1 972.11	二	间接费	(一)+(二)	3 764.03
(1)	技工费	114×技工总工日×系数0.21	1 972.11	(一)	规费	1+2+3+4	3 223.67
(2)	普工费	61×普工总工日	0.00	1	工程排污费	不计列	0.00
2	材料费	(1)+(2)	3 876.36	2	社会保障费	人工费×28.50%	2 727.06
(1)	主要材料费	表四甲材料表-总计	3 763.46	3	住房公积金	人工费×4.19%	400.93
(2)	辅助材料费	主要材料费×3.00%	112.90	4	危险作业意外伤害保险费	人工费×1.00%	95.69
3	机械使用费	表三乙-总计	0.00	(二)	企业管理费	人工费×27.40%	540.36
4	仪表使用费	表三丙-总计	0.00	三	利润	人工费×20.00%	394.42

序号	费用名称	依据和计算方法	合计/元	序号	费用名称	依据和计算方法	合计/元
（二）	措施项目费	1~15 之和	372.73	四	销项税额	（一+二+三-甲供主材）×11.00% + 甲供主材增值税	3 464.41
1	文明施工费	人工费×1.1%	21.69				
2	工地器材搬运费	人工费×1.1%	21.69				
3	工程干扰费	室分工程不计列	0.00				
4	工程点交、场地清理费	人工费×2.5%	49.30				
5	临时措施费	人工费×3.8%	74.94				
6	工程车辆使用费	人工费×5%	98.61				
7	夜间施工增加费	人工费×2.10%	41.41				
8	冬雨季施工增加费	人工费（室外部分）×2.50%	49.30				
9	生产工具使用费	人工费×0.8%	15.78				
10	施工用水电蒸汽费	室分工程不计列	0.00				
11	特殊地区施工增加费	室分工程不计列	0.00				

表 2-3-23　建筑安装工程费用预算表（表二）（未下浮）

序号	费用名称	依据和计算方法	合计/元	序号	费用名称	依据和计算方法	合计/元
Ⅰ	Ⅱ	Ⅲ	Ⅳ	Ⅰ	Ⅱ	Ⅲ	Ⅳ
	建安工程费（含税价）	一+二+三+四	34 026.69	12	已完工程及设备保护费	不计列	0.00
	建安工程费（除税价）	一+二+三	30 562.28	13	运土费	不计列	0.00
一	直接费	（一）+（二）	22 803.07	14	施工队伍调遣费	2×单程调遣费×调遣人数	0.00
（一）	直接工程费	1+2+3+4	13 445.00	15	大型施工机械调遣费	不计列	0.00
1	人工费	(1)+(2)	9 568.64	二	间接费	（一）+（二）	5 845.48
(1)	技工费	114×技工总工日	9 568.64	（一）	规费	1+2+3+4	3 223.67
(2)	普工费	61×普工总工日	0.00	1	工程排污费	不计列	0.00
2	材料费	(1)+(2)	3 876.36	2	社会保障费	人工费（全额计取）×28.50%	2 727.06
(1)	主要材料费	表四甲材料表-总计	3 763.46	3	住房公积金	人工费（全额计取）×4.19%	400.93

序号	费用名称	依据和计算方法	合计/元	序号	费用名称	依据和计算方法	合计/元
(2)	辅助材料费	主要材料费×3.00%	112.90	4	危险作业意外伤害保险费	人工费(全额计取)×1.00%	95.69
3	机械使用费	表三乙 - 总计	0.00	(二)	企业管理费	人工费×27.40%	2621.81
4	仪表使用费	表三丙 - 总计	0.00	三	利润	人工费×20.00%	1913.73
(二)	措施项目费	1~15 之和	9358.08	四	销项税额	(一+二+三-甲供主材)×11.00% + 甲供主材增值税	3464.41
1	文明施工费	人工费(全额计取)×1.1%	7654.86				
2	工地器材搬运费	人工费×1.1%	105.25				
3	工程干扰费	人工费×4.00%	0.00				
4	工程点交、场地清理费	人工费×2.5%	239.22				
5	临时措施费	人工费×3.8%	363.61				
6	工程车辆使用费	人工费×5%	478.43				
7	夜间施工增加费	人工费×2.10%	200.94				
8	冬雨季施工增加费	人工费(室外部分)×2.50%	239.22				
9	生产工具使用费	人工费×0.8%	76.55				
10	施工用水电蒸汽费	室分工程不计列	0.00				
11	特殊地区施工增加费	室分工程不计列	0.00				

任务 10　编制预算表五

编制预算表五,也就是编制《工程建设其他费预算表(表五)甲》,简称其他费表,主要是让学生熟悉并熟练使用《信息通信建设工程费用定额》。

1. 建设用地及综合赔补费

(1)根据应征建设用地面积、临时用地面积,按建设项目所在省、自治区、直辖市人民政府制定颁发的土地征用补偿费、安置补助费标准和耕地占用税、城镇土地使用税标准计算。

(2)建设用地上的建(构)筑物如需迁建,其迁建补偿费应按迁建补偿协议计列或按新建同类工程造价计算。

2. 建设单位管理费

建设单位可根据《关于印发〈基本建设项目建设成本管理规定〉的通知(财建〔2016〕504

号),结合自身实际情况制定项目建设管理费取费规则。

如建设项目采用工程总承包方式,其总包管理费由建设单位与总包单位根据总包工作范围在合同中商定,从项目建设管理费中列支。

3. 可行性研究费

根据《国家发展改革委关于进一步放开建设项目专业服务价格的通知》(发改价格〔2015〕299 号)文件的要求,可行性研究服务收费实行市场调节价。

4. 研究试验费

(1)根据建设项目研究试验内容和要求进行编制。

(2)研究试验费不包括以下项目:

①应由科技三项费用(新产品试制费、中间试验费和重要科学研究补助费)开支的项目。

②应在建筑安装费用中列支的施工企业对材料、构件进行一般鉴定、检查所发生的费用及技术革新的研究试验费。

③应由勘察设计费或工程费中开支的项目。

5. 勘察设计费

根据《国家发展改革委关于进一步放开建设项目专业服务价格的通知》(发改价格〔2015〕299 号)文件的要求,勘察设计服务收费实行市场调节价。

目前勘察设计费是设计院按照××运营商框架合同计取。

$$勘察费 = 收费基价 \times 勘察站点 \times 阶段系数 \times 附加系数 \times 投标降点$$
$$= 4\,250 \times 1 \times 1 \times 1 \times 0.52 = 2\,210(元)$$

设计费 = (设备费 + 施工费) × 阶段系数 × 附加系数 × 折扣率 × 4.5% × (总体费费率 × 预留费率 + 1) = 103 977.1 × 1 × 1.1 × 4.5% × 0.52 × (0.5 × 0.5 + 1) = 2 944.1(元)

$$勘察设计 = 勘察费 + 设计费 = 5\,154.01(元)$$

6. 环境影响评价费

根据《国家发展改革委关于进一步放开建设项目专业服务价格的通知》(发改价格〔2015〕299 号)文件的要求,环境影响咨询服务收费实行市场调节价。

环境影响评价费 = 站点数 × 0.3 × 1600/1.06 = 1 × 0.3 × 1600/1.06 = 452.83(计算公式由甲方提供)。

7. 建设工程监理费

根据《国家发展改革委关于进一步放开建设项目专业服务价格的通知》(发改价格〔2015〕299 号)文件的要求,建设工程监理服务收费实行市场调节价。可参照相关标准作为计价基础。

目前建设工程监理费执行国家发改委、建设部关于《通信建设监理与相关服务收费管理规定》的通知发改价格〔2007〕670 号文件。

目前监理费是设计院按照××运营商框架合同计取。

监理费计算前,先要判断设备费是否打四折,其判断见表 2 – 3 – 24。

表 2 – 3 – 24　判断设备费是否打四折

设备费	建安费	工程费	工程费40%		判　　断
93 597	10 380	103 977	41 690.8	工程费 40% < 设备费?	由于此建设工程工程费 40% <设备费,所以判断设备费需要打四折

$$监理费 = (设备费 \times 40\% + 建安费) \times 降点率 \times 监理收费率$$
$$= (93\ 597 \times 40\% + 10\ 380) \times 80\% \times 3.3\%$$
$$= 1262.41(元)$$

8. 安全生产费

参照《关于印发〈企业安全生产费用提取和使用管理办法〉的通知》财企〔2012〕16 号文规定执行。

$$安全生产费 = 建筑安装工程费用预算表(表二)(折扣前) \times 1.5\%$$
$$= 30\ 562.28 \times 1.5\%$$
$$= 458.43(元)$$

9. 引进技术和引进设备其他费

(1)引进项目图纸资料翻译复制费:根据引进项目的具体情况计列或按引进设备到岸价的比例估列。

(2)出国人员费用:依据合同规定的出国人次、期限和费用标准计算。生活费及制装费按照财政部、外交部规定的现行标准计算,旅费按中国民航公布的国际航线票价计算。

(3)来华人员费用:应依据引进合同有关条款规定计算。引进合同价款中已包括的费用内容不得重复计算。来华人员接待费用可按每人次费用指标计算。

(4)银行担保及承诺费:应按担保或承诺协议计取。

10. 工程保险费

(1)不投保的工程不计取此项费用。

(2)不同的建设项目可根据工程特点选择投保险种,根据投保合同计列保险费用。

11. 工程招标代理费

《国家发展改革委关于进一步放开建设项目专业服务价格的通知》(发改价格〔2015〕299 号)文件要求,工程招标代理服务收费实行市场调节价。

12. 专利及专用技术使用费

(1)按专利使用许可协议和专有技术使用合同的规定计列。

(2)专有技术的界定应以省、部级鉴定机构的批准为依据。

(3)项目投资中只计取需要在建设期支付的专利及专有技术使用费。协议或合同规定在生产期支付的使用费应在成本中核算。

13. 其他费用

根据工程实际计列。

14. 生产准备及开办费

新建项目按设计定员为基数计算,改扩建项目按新增设计定员为基数计算:生产准备及开办费 = 设计定员 × 生产准备费指标(元/人)生产准备及开办费指标由投资企业自行测算。此项费用列入运营费。工程建设其他费预算表(表五)甲如表 2 - 3 - 25 所示。

表 2 - 3 - 25　工程建设其他费预算表（表五）甲

序号	费用名称	计算依据及方法	金额/元			备注
			除税价	增值税	含税价	
I	II	III	IV	V	VI	VII
1	建设用地及综合赔补费	不计取	0.00	0.00	0.00	0.00
2	项目建设管理费	不计取	0.00	0.00	0.00	0.00
3	可行性研究费	不计取	0.00	0.00	0.00	0.00
4	研究试验费	不计取	0.00	0.00	0.00	0.00
5	勘察设计费	按×××运营商框架合同计取	5 154.01	309.24	5463.25	0.00
6	环境影响评价费		452.83	27.17	480.00	0.00
7	建设工程监理费	按×××运营商框架合同计取	1262.41	75.74	1 338.16	0.00
8	安全生产费	建筑安装工程费×1.5%	458.43	50.43	508.86	0.00
9	引进技术及进口设备其他费	不计取	0.00	0.00	0.00	0.00
10	工程保险费	不计取	0.00	0.00	0.00	0.00
11	工程招标代理费	不计取	0.00	0.00	0.00	0.00
12	专利及专利技术使用费	不计取	0.00	0.00	0.00	0.00
13	其他费		2 212.56	39.17	2 251.73	0.00
(1)	在建工程 - 职工薪酬	按×××运营商2012年项目评审会议纪要(第45期)计取	1 559.66	0.00	1 559.66	0.00
(2)	工程结算审计咨询费	按×××运营商计划字〔2010〕302号文件计取	291.20	17.47	308.67	0.00
(3)	工程财务决算审计咨询费	按×××运营商计划字〔2010〕302号文件计取	104.00	6.24	110.24	0.00
(4)	设计汇总费	按×××运营商框架合同计取	257.70	15.46	273.16	0.00
14	总计		9 540.24	501.76	10 042.00	0.00
15	生产准备及开办费(运营费)		0.00	0.00	0.00	0.00

任务 11　编制预算表一

编制预算表一,也就是编制《工程预算总表(表一)》,主要是让学生熟悉并熟练使用《信息通信建设工程费用定额》。通过本表可以看出××F1无线设备安装工程总投资为 135 041 元。同时可以分析各项费用的组成。其中设备费为 93 597 元,施工费为 10 380 元,其他费为 9 540 元。工程预算总表(表一)见表 2 - 3 - 26。

表 2 - 3 - 26　工程预算总表（表一）

序号	表格编号	费用名称	小型建筑工程费	需要安装的设备费	不需要安装的设备	建筑安装工程费	其他费用	预备费	总价值			
						（元）			除税价	增值税	含税价	其中外币（　）
I	II	III	IV	V	VI	VII	VIII	IX	X	XI	XII	XIII
1	TSW - 2 TSW - 4	工程费	0	93 597	0	10 380	0	0	10 3977	18 309	122 286	
3	TSW - 5	工程建设其他费	0	0	0	0	9 540	0	9 540	502	10 042	
4		合计	0	93 597	0	10 380	9 540	0	113 517	18 811	132 328	
5		预备费										
6		建设期利息							2 713	0	2 713	
7		总计							116 230	18 811	135 041	
9		其中回收期费										

应会技能训练　单项工程概预算文件编制

1. 实训目的

熟悉和掌握单项工程概预算文件编制流程、技巧、方法。

2. 实训内容

(1)按照本项目所讲的流程、技巧和方法用手工的形式编制本工程的概预算文件。

(2)在计算机上用通信工程概预算软件编制本项目的概预算文件。

(3)比较两者的不同并找出原因。

(4)写出概预算编制说明。

(5)形成概预算最终文件。

项目 4 通信线路工程设计

通信线路工程设计的主要依据是《设计任务书》。《设计任务书》是确定项目建设方案的基本文件,它是建设单位根据可行性研究报告推荐的最佳方案为基础进行编写,报请主管部门批准生效后下达给设计单位。

工程设计是设计院接到《设计任务书》后,从以下几方面综合考虑完成工程设计工作:

(1)按照国家的有关政策、法规、技术规范,在规定的范围内,考虑拟建工程在综合技术的可行性、先进性及其社会效益、经济效益。

(2)结合客观条件,应用相关的科学技术成果和长期积累的设计经验。

(3)按照工程建设的需要,利用现场勘察、测量所取得的基础资料、数据和技术标准。

(4)运用现阶段的材料、设备和机械、仪器等编制概(预)算,将可行性研究中推荐的最佳方案具体化,形成图纸、预算、文字,为工程实施提供依据的过程。

目前,我国对于规模较小的工程采用一阶段设计,大部分项目采用二阶段设计,比较重大的项目采用三阶段设计(即初步设计阶段、技术设计阶段、施工图设计阶段)。

目前在通信线路工程设计中,大规模的主干网通信线路工程建设不多,随之而来是信息发展需要,光进铜退,光纤到户工程设计任务艰巨。建设单位根据各营销中心客户经理提供的市场需求信息,经建设主管部门分析同意立项后,形成《单项工程设计任务书》,通过电子邮件的形式发送到设计院,设计院接单后及时启动实施该工程的设计工作(施工图设计)。创业园FTTH全覆盖光缆工程设计委托书如表2-4-1所示。

表2-4-1 创业园FTTH全覆盖光缆工程设计委托书

项目名称:	创业园 FTTH 全覆盖光缆工程		
需求单编号:	2017-EPON-0057	客户经理:×××	
所属区域:	城郊	电话号码:×××××××××××	
项目类型:	新建		
需求申请日期:	2017 年 8 月 5 日	要求完成日期:	2017 年 8 月 20 日
客户名称:	创业园	联系人:	×××
客户属性:	工厂	联系电话:	×××××××××××
通讯地址:	××市××区××路创业园		
项目简述/ 效益预测分析	项目背景	该创业园位于××市××区××路,有厂房 A、B、C、D 四个,其中厂房 D 有 10 个车间,要求为 4 个厂房新建 FTTH 全覆盖工程.	
	业务预测:	32 个客户电信业务(其中 A、B、C 厂房各 4 个,D 厂房 10 个车间各 2 个)	
	效益预测:	3000 元/月	
	备注:		
宽带发展预测:	32 户		

该项目以《创业园 FTTH 全覆盖光缆工程设计委托书》为基础,设计工作包括任务 1 工程勘察、任务 2 方案设计、任务 3 绘制设计图、任务 4 计算主要工程量、任务 5 计算主要设备材料、任务 6 制作预算表一至表五、任务 7 编制预算表三甲、乙、丙、任务 8 编制预算表四设备、材料、任务 9 编制预算表二、任务 10 编制预算表五、任务 11 编制预算表一,共 11 个任务。

任务 1   工 程 勘 察

工程勘察的流程如图 2 - 4 - 1 所示。

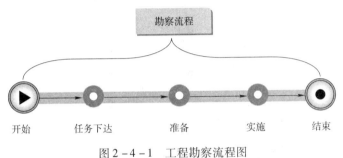

图 2 - 4 - 1   工程勘察流程图

设计院根据勘察流程,将收到的设计任务书根据专业分类,将该工程的勘察任务下达相应勘察小组按期完成勘察工作。

在勘察准备阶段,勘察人员要做好如下工作:

(1)根据设计任务书的需求搜集原有设计资料、工程资料或客户提供的方案图规划图等,了解工程情况。

(2)利用谷歌地图系统勾画出勘察地点详细街道、公路、参照物的位置并打印,以方便绘制勘察草图。

(3)准备勘察工具:指南针、手电筒、洋镐(开井盖用)、测距轮、激光测距仪、有毒有害气体检测仪、可燃气体检测仪、安全帽、反光衣等。

(4)联系客户经理,确定勘察日期。

勘察人员在对工程进行实地勘察时,除要绘制勘察草图、填写勘察表外。还要根据工信部通信〔2015〕406 号《通信建设工程安全生产管理规定》第七条勘察、设计单位的安全生产责任:(一)勘察单位应当按照法律、法规和工程建设强制性标准进行勘察,提供的勘察文件应当真实、准确,满足通信建设工程安全生产的需要。在勘察作业时,应当严格执行操作规程,采取措施保证各类管线、设施和周边建筑物、构筑物的安全。对有可能引发通信工程安全隐患的灾害提出防治措施。详细记录工程风险因素。

勘察过程中若出现与《设计任务书》有较大出入的情况,需填写信息反馈表或备忘录,及时上报原下达设计任务书的单位,并重新审定设计方案,经通信线路负责人确认后提交做退单处理。

勘察结束后,整理勘察草图(见图 2 - 4 - 2),统计光缆路由长度,为工程方案设计做准备。

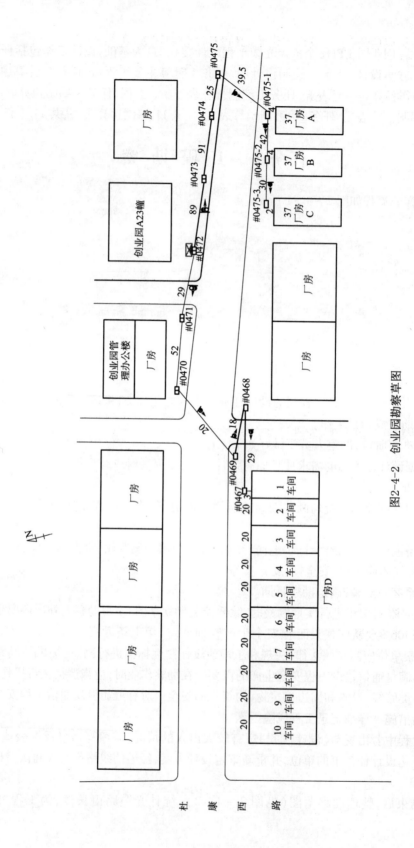

图2-4-2 创业园勘察草图

工程勘察结束后,就进行设计工作了,其设计流程如图2-4-3所示。

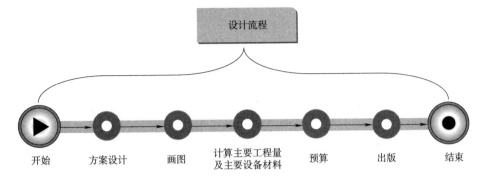

图2-4-3 设计流程图

任务2 方案设计

在方案设计中,有路由选择、敷设方式、传输指标设计和光缆容量确定四部分内容。

1. 路由选择

光缆线路路由方案的选择,应以工程设计任务书和通信网络规划为依据,结合勘察情况,选择的光缆路由必须满足通信需要、保证通信质量、使线路安全可靠、经济合理、便于维护和施工。为了使线路路由更合理,应进行多方案比较。

对于创业园FTTH光缆工程,鉴于通信管道已到A、B、C、D四个厂房,所以光缆路由选择从管道光缆进入厂房、车间。

2. 敷设方式

创业园FTTH光缆工程采用管道光缆+墙壁光缆敷设方式进行。具体敷设光缆为管道部分敷设管道光缆,进入车间和厂房采用墙壁敷设光缆。

3. 传输指标设计

传输指标设计主要是满足工程的技术指标,主要是计算工程在传输过程光缆和设备总衰耗满足规范的规定,对于FTTH工程,传输损耗控制在OLT允许损耗的28 dB范围内。

其传输设计主要从四个方面考虑:

(1)计算光缆总长度:OLT机房至交接箱(#0472双盖手井)光缆长度为11 100 m,固定接头5个(2 km一个);从交接箱到厂房D第十个车间是本工程最远距离为340 m;敷设光缆总长度为114 400 m。

(2)计算中间有多少个接头。

(3)计算分光器个数(包含一级、二级分光器)。

(4)考虑富余度损耗。

有关光纤接头、分光器、光缆传输损耗设计取值如表2-4-2所示。

方案一:经过测算,将光缆直接敷设各车间、厂房,其总损耗6.576 dB,见表2-4-3,远小于OLT允许损耗28 dB要求的指标。

表 2-4-2 光纤接头、分光器、光缆传输损耗设计取值表

接头类型	接头衰减系数/dB	波长窗口	光纤线路衰减系数/dB/km
熔接	0.1	1310 nm	0.38(光纤带光纤 0.4)
冷接	0.2	1490 nm	0.26(光纤带光纤 0.28)
活接	0.5	1550 nm	0.25(光纤带光纤 0.27)

光模块类型		最大允许损耗(dB)
EPON	PX20	上行/下行:24/23.5
	PX20 +	上行/下行:28/28
	OLT 侧 PX20,ONU 侧 PX20 +	上行/下行:25/27
	OLT 侧 PX20 + ,ONU 侧 PX20	上行/下行:27/24.5
GPON	Class B +	上行/下行:28/28
	Class C +	上行/下行:32/32

光分路比	单位	1:2	1:4	1:8	1:16	1:32
插入损耗(典型值)	dB	3.2	6.7	9.9	12.9	16.2
插入损耗(最大值)	dB	3.5	7	10.3	13.2	16.5

表 2-4-3 创业园 FTTH 光缆传输设计指标(不加一级分光器)

项目	数量	损耗单位/dB	合计损耗/dB
光缆长度	11.44	0.4	4.576
固定接头个数	5	0.1	0.5
活接头个数	3	0.5	1.5
1 级分光器个数	0	0	0
2 级分光器个数	0	0	0
富余度损耗			0
总损耗值			6.576

方案二,由于直接敷设光缆到车间、厂房,传输损耗富余较多,增加一级分光器,厂房 D 有 10 个车间,每个车间配两个光纤端口,至少需要配 1:32 的分光器。经测算创业园工程光缆损耗最高为 23.6 dB,传输损耗控制在 OLT 允许损耗 28 dB 的范围内,本工程方案可行。测算值见表 2-4-4。

表 2-4-4 创业园 FTTH 光缆传输设计指标(加一级分光器)

项目	数量	损耗单位/dB	合计损耗/dB
光缆长度/km	11.44	0.4	4.576
固定接头个数	5	0.1	0.5
活接头个数	4	0.5	2
1 级分光器个数(1:32)	1	16.5	16.5
2 级分光器个数	0	0	0
富余度损耗			0
总损耗值			23.576

通信工程设计实务

4. 光缆容量确定

工程在满足技术指标后,还在考虑满足工程的经济指标,也就确定光缆的容量。

如采用方案一,直接敷设光缆的方案,到 A、B、C 厂房至少需要敷设一条 24 芯光缆,到 D 厂房至少敷设一条 36 芯光缆才能满足当前和以后发展需要。增加投资,经济效益不好。

鉴于此,电信运营商对于工业园建设指导原则是:考虑 1 级分光,户线长度控制在 100 ~ 150 m,如有管线迁改下地需求,则本期工程必须考虑配套管道。全程衰耗控制在 28 dB 以内。端口造价控制在 1000 元内。

光交接箱到分光器,理论上只需要一根光纤,但考虑通信工程的一次性和特殊性,需要有一定量的备用光纤,以保证抢修、测试和当地经济发展对通信需要。

本工程覆盖区域共有(A、B、C、D)4 间厂房,采用一级分光形式建设,一级分光器上行至 ×× 中心机房 OLT。

本工程由创业园光交接箱布放 1 条 6 芯光缆至厂房 A 外墙,设一个一级分光箱配置盒式 1:16 分光器 1 个,再由一级分光器布放 12 条皮线光缆至厂房 A、B、C(每厂房各布放 4 条皮线光缆)。

另 1 条 6 芯光缆由创业园光交接箱布放至厂房 D#五车间外墙,设一个一级分光箱配置盒式 1:32 分光器 1 个,再由一级分光箱布放 20 条皮线光缆至各车间(厂房 D 共有 10 个车间,每车间布放 2 条皮线光缆)。

根据以上建设原则,本工程采取方案二是技术上可行、经济上合理的。实际经过预算本工程总投资 33 223 元,共提供总端口 48 个,造价控制在 692 元。

任务 3　绘制设计图

设计图是设计人员经过工程勘察、方案设计比选后,充分反映设计意图,使工程各项技术措施具体化,是工程建设施工、监理的依据。故设计图必须有详细的尺寸、具体的做法和要求。图上应注有准确的位置、地点,使施工人员按照施工图纸就可以施工。

FTTH 工程图一般包括光纤成端图、光纤纤芯分布图、配线图、路由图及一些工程中常用的通用图等,如在设计图纸中插入沿途拍摄的现场彩色照片,对建设和施工单位更深入了解工程的情况和设计意图将起到更好的效果。下面分以下几方面说明绘制设计图的要求:

1. 绘制设计图总体要求

(1)工程制图应根据表述对象的性质、论述的目的与内容,选取适宜的图纸及表达手段,以便完整地表述主题内容。

(2)图面应布局合理,排列均匀,轮廓清晰且便于识别。

(3)图纸中应选用合适的图线宽度,避免图中线条过粗或过细。

(4)应正确使用国家标准和行业标准规定的图形符号。派生新的符号时,应符合国家标准符号的派生规律,并在合适的地方加以说明。

(5)在保证图面布局紧凑和使用方便的前提下,应选择合适的图纸幅面,使原图大小适中。

(6)应准确地按规定标注各种必要的技术数据和注释,并按规定进行书写或打印。

（7）工程图纸应按规定设置图衔，并按规定的责任范围签字，各种图纸应按规定顺序编号。

（8）施工图中需要标出重要的安全风险因素。

2. 图纸的图签

根据中华人民共和国通信行业标准 YD/T 5015—2007《电信工程制图与图形符号规定》5.7.2 图纸图签签字要求，图纸图签签字要符合要求，签字范围及要求如下：

（1）设计人、单项设计负责人、审核人、设计总负责人本工程编号图纸全部签字。

（2）部门主管：签署除通用图、部件加工图以外的本工程编号的全部图纸。

（3）公司主管：各项总图、带方案性质的图纸必签，其他图纸可选，通用图、部件加工图可不签。

签署注意事项：

①结合审查程序，签署应自下而上进行，图签可采用通用格式。

②有些图纸同一级由两人签署时，在图衔签字栏内的左右格内分别签署。

③无须主管签字的栏画斜杠。

④通用图、经过专业项目审核签字的并反复使用的图纸，可以采用复印版本。

⑤共用图：本工程设计图纸，各册间通用的图纸，均需要签字。

⑥对于多家设计单位共同完成的设计文件，依据设计合同要求对各自承担的设计文件按照各自单位图签进行签署。对于总册、汇总册的相关图纸分别使用相关设计单位的图签进行签署。

3. 图纸图号

（1）一般形式为：设计编号、设计阶段—专业代号—图纸编号，图纸编号一般按顺序号编制。

（2）对于全国网或跨省干线工程的分省、分段或移动通信分业务区等有特殊需求时可变更如下：

设计编号(x)设计阶段—专业代号(y)—图纸编号。

其中，(x)为省或业务区的代号，(y)表示不同的册号或区分不同的通信站、点的代号。

（3）专业代号应遵循 YD/T 5015—2015 通信工程制图与图形符号规定》，对于通信技术发展及细化而产生的专业或单项业务工程，要求专业代号首先套用已有单项工程专业，如 GPRS 套用移动通信"YD"，在无合适的专业可套用时可以按规定要求派生，但派生的专业代号要经过单位技术主管（总工程师）批准。

4. 图纸图幅

工程图纸幅面和图框大小应符合国家标准 GB/T 6988.1—2008《电气技术用文件的编制 第 1 部分：规则》的规定，应采用 A0、A1、A2、A3、A4 及其 A3、A4 加长的图纸幅面。其相应尺寸见表 2-4-5。

应根据表述对象的规模大小、复杂程度、所要表达的详细程度、有无图衔及注释的数量来选择较小的合适幅面。

A0～A3 图纸横式使用，A4 图纸立式使用；根据表述对象的规模大小、复杂程度、所表达的详细程度、有无图衔及注释的数量来选择较小的合适幅面。

表 2 - 4 - 5　工程图幅尺寸表

代号	尺寸(mm × mm)
A0	841 × 1 189
A1	594 × 841
A2	420 × 595
A3	297 × 420
A4	210 × 297

5. 图纸图线

图纸图线如表 2 - 4 - 6 所示。

表 2 - 4 - 6　图纸图线表

图线名称	图线型式	一般用途
实线	——————	基本线条:图纸主要内容用线,可见轮廓线
虚线	------	辅助线条:屏蔽线,机械连接线,不可见轮廓线、计划扩展内容用线
点画线	—·—·—	图框线:表示分界线、结构图框线、功能图框线、分级网框线
双点画线	—··—··—	辅助图框线:表示更多的功能组合或从某种图框中区分不属于它的功能部件

(1)图线宽度一般从以下系列中选用:

0.25 mm,0.35 mm,0.5 mm,0.7 mm,1.0 mm,1.4 mm。

(2)通常宜选用两种宽度的图线。粗线的宽度为细线宽度的两倍,主要图线采用粗线,次要图线采用细线。对于复杂的图纸也可采用粗、中、细三种线宽,线的宽度按 2 的倍数依次递增,但线宽种类不宜过多。

(3)使用图线绘图时,应使图形的比例和配线协调恰当,重点突出,主次分明。在同一张图纸上,按不同比例绘制的图样及同类图形的图线粗细应保持一致。

(4)应使用细实线作为最常用的线条。在以细实线为主的图纸上,粗实线应主要用于图纸的图框及需要突出的部分。指引线、尺寸标注线应使用细实线。

(5)当需要区分新安装的设备时,宜用粗线表示新设备,细线表示原有设施,虚线表示规划预留部分。

(6)平行线之间的最小间距不宜小于粗线宽度的两倍,且不得小于 0.7 mm。

6. 图纸比例

(1)对于平面布置图、管道及光(电)缆线路图、设备加固图及零件加工图等图纸,应按比例绘制;方案示意图、系统图、原理图等可不按比例绘制,但应按工作顺序、线路走向、信息流向排列。

(2)对于平面布置图、线路图和区域规划性质的图纸,宜采用以下比例:

1:10,1:20,1:50,1:100,1:200,1:500,1:1 000,1:2 000,1:5 000,1:10 000,1:50 000 等。

(3)对于设备加固图及零件加工图等图纸宜采用的比例为 1:2、1:4 等。

(4)应根据图纸表达的内容深度和选用的图幅,选择合适的比例。

(5)对于通信线路及管道类的图纸,为了更方便地表达周围环境情况,可采用沿线路方向按一种比例,而周围环境的横向距离宜采用另外的比例,或示意性绘制。

7. 图纸标注

(1)图中的尺寸单位：

标高和管线长度的尺寸单位用米(m)表示,如路由图、立面图标高等。

其他的尺寸单位用毫米(mm)表示:如机房图、机架、设备图、加固图等。

(2)尺寸界线、尺寸线及尺寸起止符号：

图样上的尺寸,应包括尺寸界线、尺寸线、尺寸起止符号和尺寸数字。

尺寸界线用细实线绘制,两端应画尺寸箭头(斜短线),指到尺寸界线上表示尺寸的起止。统一采用斜短线。

(3)尺寸数字：

尺寸数值应顺着尺寸线方向写并符合视图方向。

数值的高度方向应和尺寸线垂直并不得被任何图线过。

(4)有关建筑用尺寸标注:可按 GB/T—2010《建筑制图标准》要求标注。

(5)尺寸数字的排列与布置:尺寸数字依据其读数方向注写在靠近尺寸线的上方中部。

(6)尺寸宜标注在图样轮廓线以外,不宜与图纸、文字及符号等相交。

(7)图线不得穿过尺寸数字,不可避免时,应将尺寸数字处的图线断开。

(8)互相平行的尺寸线,应从被注的图样轮廓由近向远整齐排列,小尺寸应离轮廓线较近,大尺寸应离轮廓线较远。

其图纸标注图示例如图 2-4-4 所示。

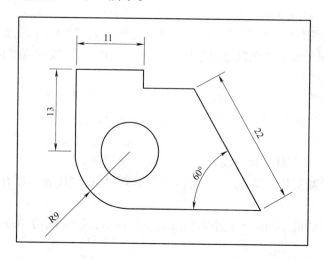

图 2-4-4　图纸标注示例图

8. 图纸字体

(1)图中书写的文字均应字体工整、笔画清晰、排列整齐、间隔均匀。

(2)图中的"技术要求"、"说明"或"注"等字样,应写在具体文字内容的左上方,并使用比文字内容大一号的字体书写。

(3)在图中所涉及数量的数字,均应用阿拉伯数字表示。

(4)字体一般选用"宋体"或"仿宋",同一图纸字体需统一。

9. 图纸图衔

（1）电信工程图纸应有图衔，图衔的位置应在图面的右下角。

（2）电信工程常用标准图衔为长方形，大小宜为 30 mm × 180 mm（高×长）。图衔应包括图名、图号、设计单位名称、相关审校核人等内容。某设计院有限公司图衔如图 2－4－5 所示。

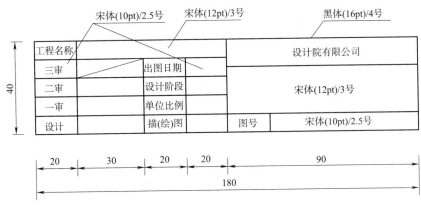

图 2－4－5　图纸图衔示例图

10. 图上标示风险点

设计人员还要根据工信部通信〔2015〕406 号《通信建设工程安全生产管理规定》第七条勘察、设计单位的安全生产责任中第二点：

设计单位应当按照法律、法规和工程建设强制性标准进行设计，防止因设计不合理导致生产安全事故的发生。

设计单位应当考虑施工安全操作和防护的需要，对涉及施工安全的重点部位和环节在设计文件中注明，对防范生产安全事故提出指导意见，并在设计交底环节就安全风险防范措施向施工单位进行详细说明。

故要求设计的施工图纸中，对于存在的安全风险点应该有明显的标识。建议在管线工程路由图、设备安装工程平面图右上方位置标注本工程的安全风险点及对应防范措施。

如管道光（电）缆工程安全风险因素：

（1）作业环境存在毒气。

（2）井下作业，井面无保护措施。

（3）井内存在易燃易爆气体。

（4）施工作业踩（拉）断邻近电缆、光缆。

（5）揭人孔盖没有设置警示和留人职守。

（6）靠近现有危险市政设施。

（7）夜间作业，因环境或人员因素，导致接错光/电缆导致通信阻断。

本工程的设计图如图 2－4－6 至图 2－4－9 所示。

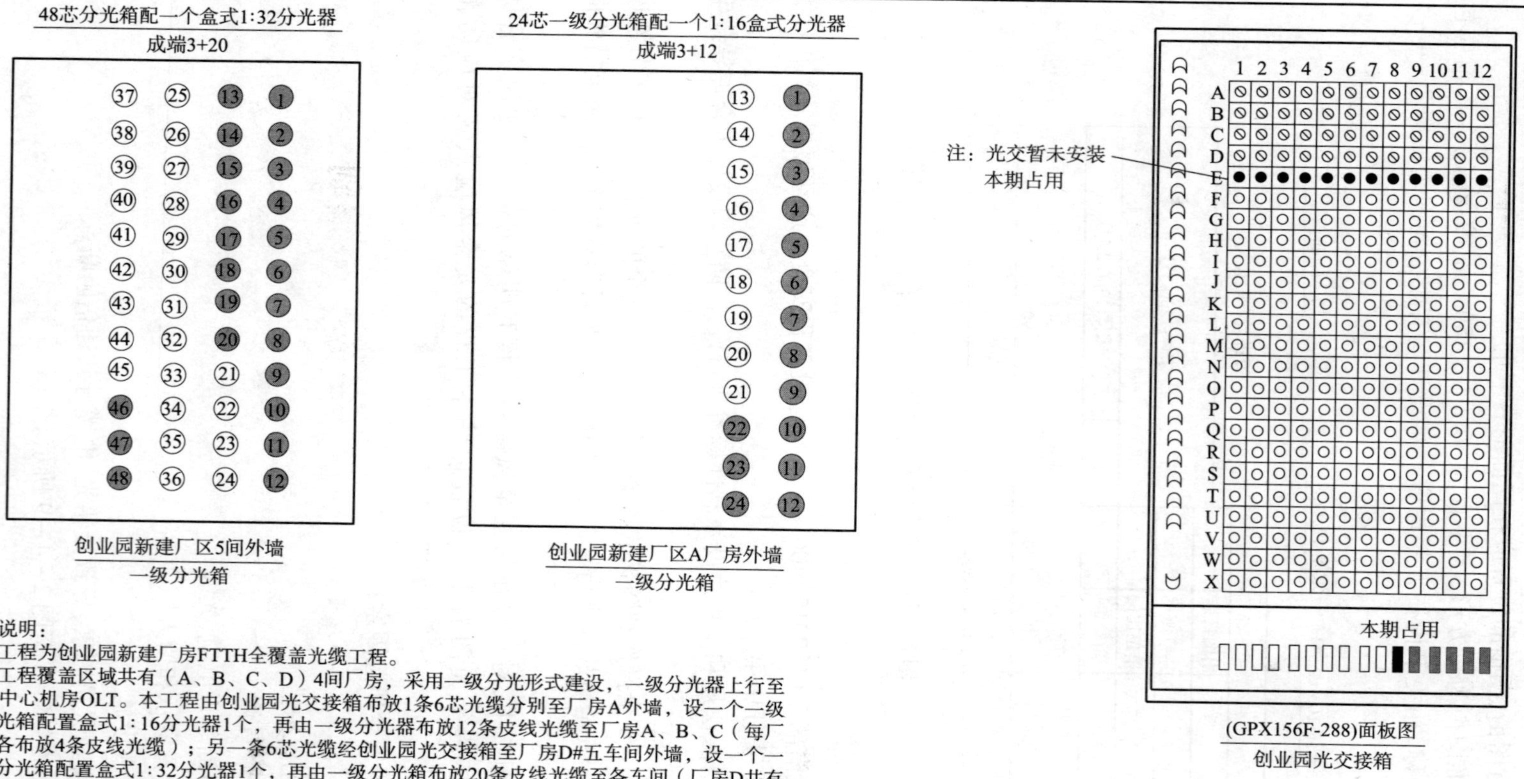

48芯分光箱配一个盒式1:32分光器
成端3+20
创业园新建厂区5间外墙
一级分光箱
24芯一级分光箱配一个1:16盒式分光器
成端3+12
创业园新建厂区A厂房外墙
一级分光箱
注：光交暂未安装
本期占用
本期占用
(GPX156F-288)面板图
创业园光交接箱

工程说明：
1. 本工程为创业园新建厂房FTTH全覆盖光缆工程。
2. 本工程覆盖区域共有（A、B、C、D）4间厂房，采用一级分光形式建设，一级分光器上行至××中心机房OLT。本工程由创业园光交接箱布放1条6芯光缆分别至厂房A外墙，设一个一级分光箱配置盒式1:16分光器1个，再由一级分光器布放12条皮线光缆至厂房A、B、C（每厂房各布放4条皮线光缆）；另一条6芯光缆经创业园光交接箱至厂房D#五车间外墙，设一个一级分光箱配置盒式1:32分光器1个，再由一级分光箱布放20条皮线光缆至各车间（厂房D共有10个车间，每车间布放2条皮线光缆）。
3. 本工程光分路器箱、光缆加强芯需良好接地，本工程提供接地材料。
4. 光缆在人手井内和转角位置需用波纹管作保护。
5. 本工程光缆损耗最高为23.6 dB，控制在OLT允许损耗28 dB的范围内，本工程方案可行合理。
6. 设计人员××× 电话号码××××××××××

工程名称	创业园FTTH全覆盖光缆工程			××××设计院有限公司	
三　审		设计阶段	一阶段		
二　审	×××	出图日期	×××××	成端图	
一　审	×××	单位比例	米/示意		
设　计	×××	描(绘)图	×××	图号	SXG-01

图 2-4-6　创业园FTTH全覆盖光缆工程“成端图”

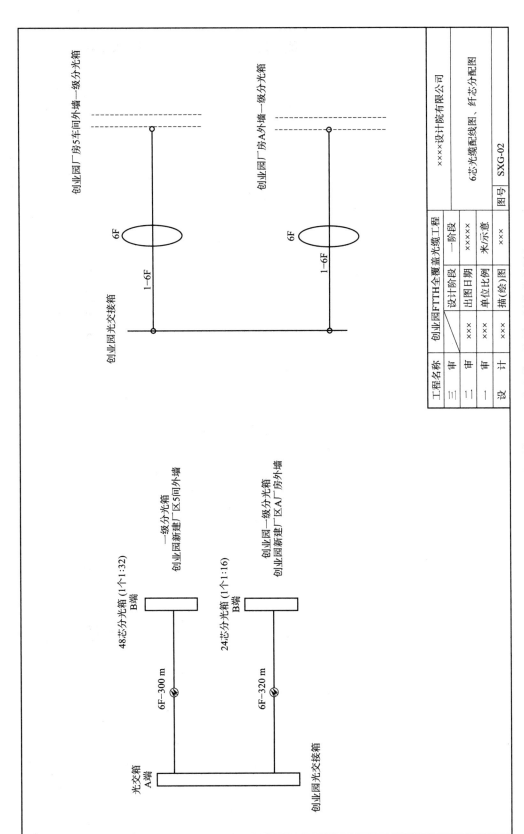

图 2-4-7 创业园 FTTH 全覆盖光缆工程 "6芯光缆配线图、纤芯分配图"

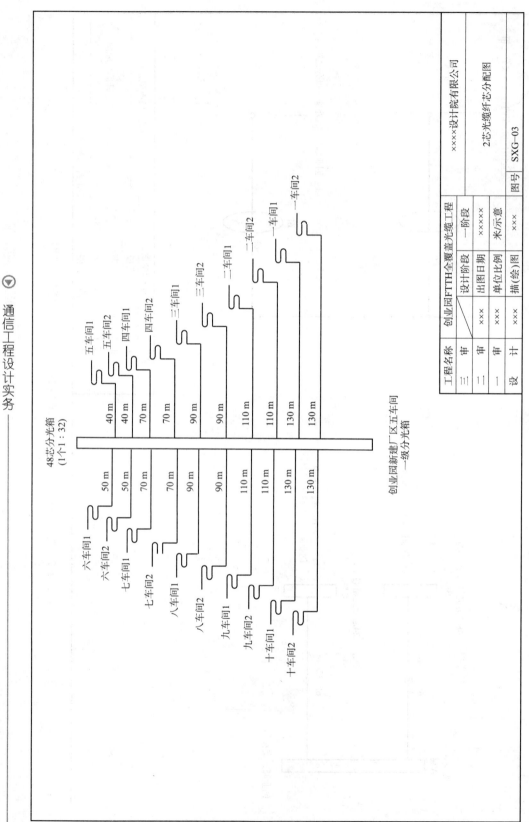

（a）创业园FTTH全覆盖光缆工程"二芯纤芯分配图"（创业园新建厂区五车间一级分光箱）

图 2-4-8

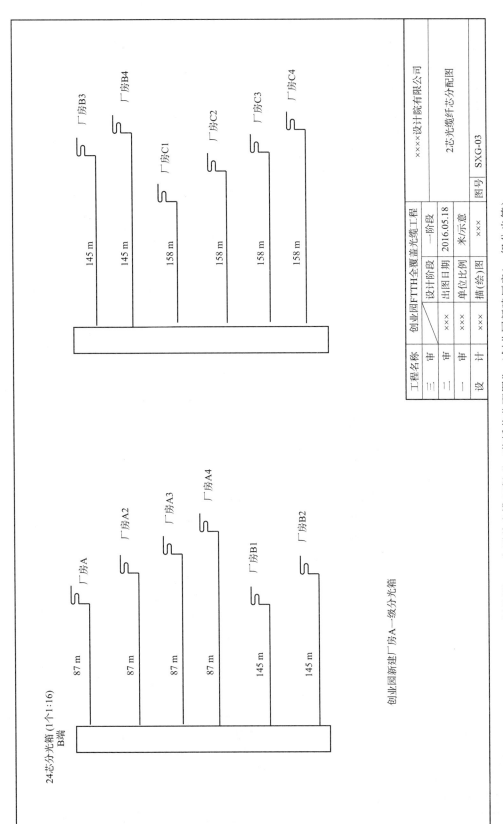

24芯分光箱 (1个1:16)
B端

厂房A — 87 m

厂房A2 — 87 m

厂房A3 — 87 m

厂房A4 — 87 m

厂房B1 — 145 m

厂房B2 — 145 m

创业园新建厂房A一级分光箱

厂房B3 — 145 m

厂房B4 — 145 m

厂房C1 — 158 m

厂房C2 — 158 m

厂房C3 — 158 m

厂房C4 — 158 m

工程名称	创业园FTTH全覆盖光缆工程	××设计院有限公司	
三 审		设计阶段	一阶段
二 审	×××	出图日期	2016.05.18
一 审	×××	单位比例	米/示意
设 计	×××	描(绘)图	×××
	2芯光缆纤芯分配图		
	图号	SXG-03	

图 2-4-8

(b) 创业园FTTH全覆盖光缆工程 "二芯纤芯分配图"（创业园新建厂房A一级分光箱）

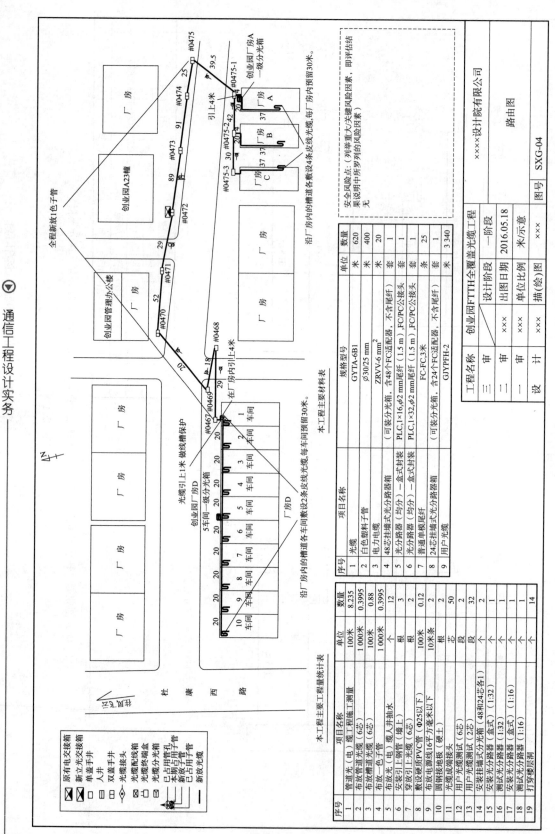

图 2-4-9 创业园 FTTH 全覆盖光缆工程《路由图》

任务4 计算主要工程量

当设计图绘制完成后,首先计算本工程主要工程量。计算工程量一般依据施工前后顺序,也就是从《信息通信建设工程预算定额》第四册通信线路工程第一章开始计算到第七章结束,这样计算不会漏项。

另外工程量的单位是定额"单位",这点要注意。

(1)施工测量[管道光(电)缆工程]——单位:100 m;数量:8.235。

施工测量是指光缆敷设路由,从上向下看光缆敷设的路由,这样机房的路由(看不到)、引上、引下的光缆长度(只能看成一个点)这些都不能计算施工测量长度。施工测量详细计算见表2-4-7。

表2-4-7 施工测量计算统计表

井号	#472	#471	#470	#469	#468	#467	进车间1	沿墙	车间1	车间2到10
距离	0	29	52	20	18	29	3	2	8	180

#473	#474	#475	#475-1	厂房A	厂房A	厂房A	#475-2	厂房B	厂房B	厂房B	#475-3	厂房C	厂房C	厂房C
89	91	25	39.5	4	20	37	42	4	20	37	30	2	5	37

(2)布放管道光缆(6芯)——单位:1000 m;数量:0.399 5。布放管道光缆(6芯)详细计算见表2-4-8。

表2-4-8 布放管道光缆(6芯)详细计算表

井号	#472	#471	#470	#469	#468	#467	进车间1	#473	#474	#475	#475-1	进厂房A
距离	0	29	52	20	18	29	3	89	91	25	39.5	4

(3)布放槽道光缆(6芯)——单位:100 m;数量:0.88。

厂房D车间1——8米。车间2~5——80米。

(4)布放一色子管——单位:1000 m;数量:0.399 5。

计算方法与布放管道光缆(6芯)一致。

(5)布放光(电)缆人井抽水——单位:个;数量:12。

共同12个人手井,都需要抽水。

(6)安装引上钢管(墙上)——单位:根;数量:3。

光缆引上进入厂房A、B、C各一根。

(7)穿放引上光缆(6芯)——单位:根;数量:2。

一根从交接箱到厂房A,一根从交接箱到厂房D的5车间。

(8)敷设硬质PVC管(∅25以下)——单位:100米;数量:0.12。

厂房A外墙、厂房D的5车间外墙各安装一个分光器的地线保护管。

(9)布放电源线16 mm²以下——单位:十米条;数量:2。

厂房A外墙、厂房D的5车间外墙各安装一个分光器的地线。

(10)圆钢接地极(硬土)——单位:根;数量:2。

厂房A外墙、厂房D的5车间外墙各安装一个分光器的地线棒。

(11)光缆成端接头——单位:芯;数量:50,详见表2-4-9。

表2-4-9　光纤成端接头统计表

交接箱成端		1:16 分光器		1:32 分光器		总计
到厂房 A	6	成端	3	成端	3	
到厂房 D	6	厂房 A、B、C	12	10 个车间	20	
小计	12	小计	15	小计	23	50

(12)用户光缆测试(6 芯)——单位:段;数量:2。

交接箱到厂房 A ,交接箱到厂房 D 的车间。

(13)用户光缆测试(2 芯)——单位:段;数量:32。

厂房 A、B、C 各 4 条 2 芯光缆,计 12 段;厂房 D 有 10 个车间,各 2 条 2 芯光缆,计 20 段,共 32 段。

(14)安装挂墙式分光箱(48 和 24 芯各 1)——单位:个;数量:2。

(15)安装光分路器(盒式)(1:32)——单位:个;数量:1。

(16)测试光分路器(1:32)——单位:个 数量:1。

(17)安装光分路器(盒式)(1:16)——单位:个 数量:1。

(18)测试光分路器(1:16)——单位:个 数量:1。

(19)打穿楼层洞——单位:个;数量:14。

厂房 A、B、C 各一个,计 3 个;厂房 D 的车间 1~10 需要打穿 9 个;光缆进入车间 1 和车间 5 外墙安装光分路器各一个,总计 14 个。

通过上述计算得出本工程主要工程量如表2-4-10 所示。

表2-4-10　本工程主要工程量统计表

序号	项目名称	单位	数量
1	管道光(电)缆工程施工测量	100 米	8.235
2	布放管道光缆(6 芯)	1000 米	0.399 5
3	布放槽道光缆(6 芯)	100 米	0.88
4	布放一色子管	1000 米	0.399 5
5	布放光(电)缆人井抽水	个	12
6	安装引上钢管(墙上)	根	3
7	穿放引上光缆(6 芯)	根	2
8	敷设硬质 PVC 管(∅25 以下)	100 米	0.12
9	布放电源线 16 mm² 以下	十米条	2
10	圆钢接地极(硬土)	根	2
11	光缆成端接头	芯	50
12	用户光缆测试(6 芯)	段	2
13	用户光缆测试(2 芯)	段	32
14	安装壁挂式分光箱(48 芯和 24 芯各 1 个)	个	2
15	安装光分路器(盒式)(1:32)	个	1
16	测试光分路器(1:32)	个	1
17	安装光分路器(盒式)(1:16)	个	1
18	测试光分路器(1:16)	个	1
19	打穿楼层洞	个	14

任务5　计算主要设备材料

(1)计算6芯光缆长度要考虑光缆敷设安装的重叠、增长和预留长度。光缆设计长度计算如表2-4-11所示。

表2-4-11　6芯光缆设计长度计算表　单位:m

6芯光缆	10个车间	三个厂房	总计
	246	252.5	
两个成端(每个15 m)	30	30	
每个人手井留1 m	5	4	
小计	281	286.5	
设计取	300	320	620

(2)本工程用白色塑料子管,计算白色塑料子管长度399.5 m,取400 m。

(3)电力电缆主要是用于两个分光器的接地线,每个用10 m,计20 m。

(4)用户光缆长度3 340 m,计算数量详见"用户光缆纤芯分配图",见图2-4-8。

通过上述计算得出本工程主要材料、设备见表2-4-12。

表2-4-12　本工程主要材料、设备表

序号	项目名称	规格型号	单位	数量
1	光缆	GYTA-6B1	m	620
2	白色塑料子管	∅30/25 mm	m	400
3	电力电缆	ZRVV-6 mm²	m	20
4	48芯挂墙式光分路器箱	可装分光箱、含48个FC适配器、不含尾纤	套	1
5	光分路器(均分)—盒式封装	PLC,1×16,∅2 mm尾纤(1.5 m),FC/PC公接头	套	1
6	光分路器(均分)—盒式封装	PLC,1×16,∅2 mm尾纤(1.5 m),FC/PC公接头	套	1
7	普通单模尾纤	FC-FC,3 m	条	25
8	24芯挂墙式光分路器箱	可装分光箱、含24个FC适配器、不含尾纤	套	1
9	用户光缆	GJYPFH-2	m	3 340

任务6　制作预算表一至表五

(1)提供《创业园FTTH全覆盖光缆工程》预算表一至表五的PDF文档(见表1-5-29)。

(2)让学生用Excel办公软件编制转换成预算表一至表五的Excel文档,并达到表内数据自动计算、自动链接、表间数据自动链接、全套预算表自动生成的目的。

学生完成任务6的目的:

(1)让学生熟悉《信息通信建设工程概预算编制规程》,《信息通信建设工程费用定额》。

（2）让学生熟悉用 Excel 办公软件解决工作中大量数据统计、计算问题。

任务7　编制预算表三甲、乙、丙

从这个任务开始，就进入预算阶段了，首先编制预算表三甲、乙、丙，也就是《建筑安装工程量预算表（表三）甲》《建筑安装工程机械使用费预算表（表三）乙》《建筑安装工程仪器仪表使用费预算表（表三）丙》。

在编制预算表三甲、乙、丙中，学生要学会使用《信息通信建设工程预算定额》及《信息通信建设工程施工机械、仪表台班单价》。

计算《创业园 FTTH 全覆盖光缆工程》工程量主要套用《信息通信建设工程预算定额》第四册通信线路工程和第一册通信电源设备安装工程内容。

预算表中单位，是定额单位。数量的来源是任务4中数据。

（1）《建筑安装工程量预算表（表三）甲》各工序工程量计算如下：

①计算光（电）缆工程施工测量（管道）工日表 2－4－13 所示。

表 2－4－13　光（电）缆工程施工测量（管道）工日计算表

序号	定额编号	项目名称	单位	数量	单位定额值/工日		合计值/工日	
					技工	普工	技工	普工
I	II	III	IV	V	VI	VII	VIII	IX
1	TXL1－003	光（电）缆工程施工测量（管道）	百米	8.235	0.35	0.09	2.88	0.74

	定额编号		TXL1－001	TXL1－002	TXL1－003	TXL1－004	TXL1－005
	项　目		光（电）缆工程施工测量[①]				GPS 定位
			直埋	架空	管道	海上	
	定额单位		百米				点
人工	技　工	工日	0.56	0.46	0.35	4.25	0.05
	普　工	工日	0.14	0.12	0.09	—	—
机械	海缆施工自航船（5 000 t 以下）	艘班	—	—	—	(0.02)	—
	海缆施工驳船（500 t 以下）带拖轮	艘班	—	—	—	(0.02)	—
仪表	地下管线探测仪	台班	0.05	—	—	—	—
	激光测距仪	台班	0.04	0.05	0.04	—	—
	GPS 定位仪	台班	—	—	—	—	0.01

注：①施工测量不分地形和土（石）质类别，为综合取定的工日。

②光缆单盘检验工日计算表 2－4－14 所示。

表 2-4-14 光(电)缆工程施工测量(管道)工日计算表

序号	定额编号	项目名称	单位	数量	单位定额值/工日		合计值/工日	
					技工	普工	技工	普工
I	II	III	IV	V	VI	VII	VIII	IX
2	TXL1-006	光缆单盘检验	芯盘	6	0.02	0	0.12	0.00

定额编号		TXL1-006	TXL1-007
项　　目		单盘检验	
		光缆①	电缆
定额单位		芯盘	百对盘
名　　称	单位	数　　量	
人工　技　工	工日	0.02	0.50
普　工	工日	—	—
主要材料			
仪表　光时域反射仪	台班	0.05	—
偏振模色散测试仪	台班	0.05	—

注:①光缆单盘检验定额是按单窗口测试取定的,如需双窗口测试,其人工和仪表定额分别乘以1.2和1.8的系数。

③布放光(电)缆人孔抽水(积水)计算表见表2-4-15。

④人工敷设塑料子管(1孔子管)工日计算表见表2-4-16。

表 2-4-15 布放光(电)缆人孔抽水(积水)工日计算表

序号	定额编号	项目名称	单位	数量	单位定额值/工日		合计值/工日	
					技工	普工	技工	普工
I	II	III	IV	V	VI	VII	VIII	IX
3	TXL4-001	布放光(电)缆人孔抽水(积水)	个	12	0.25	0.5	3.00	6.00

定额编号		TXL4 - 001	TXL4 - 002	TXL4 - 003
项　目		布放光(电)缆入孔抽水		布放光(电)缆手孔抽水
		积水	流水	
定额单位		个		
名　称	单位	数　量		
人工	技　工	工日	0.25	0.38	0.13
	普　工	工日	0.50	1.00	0.25
主要材料					
机械	抽水机	台班	0.20	0.50	0.10

表 2 - 4 - 16　人工敷设塑料子管(1 孔子管)工日计算表

序号	定额编号	项目名称	单位	数量	单位定额值/工日		合计值/工日	
					技工	普工	技工	普工
Ⅰ	Ⅱ	Ⅲ	Ⅳ	Ⅴ	Ⅵ	Ⅶ	Ⅷ	Ⅸ
4	TXL4 - 004	人工敷设塑料子管(1 孔子管)	km	0.399 5	4	5.57	1.69	2.23

定额编号		TXL4 - 004	TXL4 - 005	TXL4 - 006	TXL4 - 007	TXL4 - 008	TXL4 - 009	TXL4 - 010
项　目		人工敷设塑料子管②					人工敷设一带纺织子管①②	
		1 孔子管	2 孔子管	3 孔子管	4 孔子管	5 孔子管	空闲管孔中	非空闲管孔中
定额单位		km						
名　称	单位	数　量						
人工	技　工	工日	4.00	5.20	6.17	7.13	8.10	3.63	6.53
	普　工	工日	5.57	8.13	10.54	12.96	15.37	5.15	9.27
主要材料	聚乙烯塑料管	m	1 020.00	2 040.00	3 060.00	4 080.00	5 100.00	—	—
	固定堵头	个	24.30	24.30	24.30	24.30	24.30	—	—
	塞子	个	24.50	49.00	73.50	98.00	122.50	—	—
	镀锌铁线∅1.5	kg	3.05	3.05	3.05	3.05	3.05	—	—
	纺织子管	m	—	—	—	—	—	1 005.00	1 005.00
	管孔封堵材料	*	—	—	—	—	—	*	*
仪表	有毒有害气体检测	台班	0.25	0.30	0.42	0.50	0.60	0.20	0.40
	可燃气体检测	台班	0.25	0.30	0.42	0.50	0.60	0.20	0.40

注:①纺织子管中的每一带要含若干孔。
　　②仪表台班仅限人孔作业时套用。

⑤敷设管道光缆(12 芯以下)工日计算表见表 2 - 4 - 17。

表 2 - 4 - 17　敷设管道光缆(12 芯以下)工日计算表

序号	定额编号	项目名称	单位	数量	单位定额值/工日		合计值/工日	
					技工	普工	技工	普工
I	II	III	IV	V	VI	VII	VIII	IX
5	TXL4 - 011	敷设管道光缆(12 芯以下)	千米条	0.4	5.5	10.94	2.20	4.37

定额编号		TXL4 - 011	TXL4 - 012	TXL4 - 013	TXL4 - 014	TXL4 - 015	TXL4 - 016	TXL4 - 017	TXL4 - 018
项　　目		敷设管道光缆①②							
		12 芯以下	24 芯以下	48 芯以下	96 芯以下	144 芯以下	288 芯以下	576 芯以下	576 芯以上
定额单位		千米条							
名　　称	单位	数　　量							
人工	技　　工	工日	5.50	6.83	8.02	9.02	10.40	11.44	14.82	19.33
	普　　工	工日	10.94	13.08	15.35	17.62	19.87	21.86	28.41	36.43
主要材料	聚乙烯波纹管	m	26.70	26.70	26.70	26.70	26.70	26.70	26.70	26.70
	胶带(PVC)	盘	52.00	52.00	52.00	52.00	52.00	52.00	52.00	52.00
	镀锌铁线 ∅1.5	kg	3.05	3.05	3.05	3.05	3.05	3.05	3.05	3.05
	光缆	m	1 015.00	1 015.00	1 015.00	1 015.00	1 015.00	1 015.00	1 015.00	1 015.00
	光缆托板	块	48.50	48.50	48.50	48.50	48.50	48.50	48.50	48.50
	托板垫	块	48.50	48.50	48.50	48.50	48.50	48.50	48.50	48.50
	余缆架	套	*	*	*	*	*	*	*	*
	标志牌	个	*	*	*	*	*	*	*	*
仪表	有毒有害气体检测	台班	0.25	0.30	0.42	0.50	0.60	0.72	0.87	1.00
	可燃气体检测	台班	0.25	0.30	0.42	0.50	0.60	0.72	0.87	1.00

注:①室外通道、管廊中布放光缆按本管道光缆相应子目工日的 70% 计取;光缆托板、托板垫由设计按实计列,其他主材同本定额。

②仪表台班仅限人孔作业时套用。

⑥打穿楼墙洞(砖墙)工日计算表见表 2 - 4 - 18。

表 2 - 4 - 18　打穿楼墙洞(砖墙)工日计算表

序号	定额编号	项目名称	单位	数量	单位定额值/工日		合计值/工日	
					技工	普工	技工	普工
I	II	III	IV	V	VI	VII	VIII	IX
6	TXL4 - 037	打穿楼墙洞(砖墙)	个	14	0.07	0.06	0.98	0.84

定额编号	TXL4-033	TXL4-034	TXL4-035	TXL4-036	TXL4-037	TXL4-038	TXL4-039	TXL4-040
项 目	打人(手)孔墙洞				打穿楼墙洞		打穿楼层洞	
	砖砌人孔①		混凝土人孔①		砖墙	混凝土墙	预制板楼层	混凝土楼层
	3孔管以下		3孔管以上					
定额单位	处				个			

名　称	单位	数　量							
人工 技　工	工日	0.36	0.54	0.60	0.90	0.07	0.14	0.07	0.14
普　工	工日	0.36	0.54	0.60	0.90	0.06	0.13	0.06	0.13
主要材料 水泥32.5	kg	5.00	8.00	5.00	8.00	1.00	2.00	2.00	2.00
中粗砂	kg	10.00	16.00	10.00	16.00	2.00	4.00	4.00	4.00
机械									
仪表									

注：①"3孔管以上""3孔管以下"是指：人(手)孔墙洞可敷设的引上管数量。

⑦安装引上钢管(ϕ50以上)(墙上)工日计算表见表2-4-19。

表2-4-19　安装引上钢管(ϕ50以上)(墙上)工日计算表

序号	定额编号	项目名称	单位	数量	单位定额值/工日		合计值/工日	
					技工	普工	技工	普工
I	II	III	IV	V	VI	VII	VIII	IX
7	TXL4-046	安装引上钢管(ϕ50以上)(墙上)	根	3	0.35	0.35	1.05	1.05

定额编号		TXL4-043	TXL4-044	TXL4-045	TXL4-046
项 目		安装引上钢管(ϕ50以下)		安装引上钢管(ϕ50以上)	
		杆上	墙上	杆上	墙上
定额单位		套		根	

名　称	单位	数　量			
人工 技　工	工日	0.20	0.25	0.25	0.35
普　工	工日	0.20	0.25	0.25	0.35
主要材料 管材(道)	根	1.01	1.01	1.01	1.01
管材(弯)	根	1.01	1.01	1.01	1.01
镀锌铁线ϕ4.0	kg	1.20	—	1.20	—
钢管卡子	副	—	2.02	—	2.02
机械					
仪表					

⑧穿放引上光缆(6芯)工日计算表见表2-4-20。

表2-4-20 穿放引上光缆(6芯)工日计算表

序号	定额编号	项目名称	单位	数量	单位定额值/工日		合计值/工日	
					技工	普工	技工	普工
I	II	III	IV	V	VI	VII	VIII	IX
8	TXL4-050	穿放引上光缆(6芯)	条	2	0.52	0.52	1.04	1.04

定额编号			TXL4-050	TXL4-051	TXL4-052
项　　目			穿放引上光缆	穿放引上电缆	
				200 对以下	200 对以上
定额单位			条		
名称		单位	数　　量		
人工	技　　工	工日	0.52	0.42	0.46
	普　　工	工日	0.52	0.42	0.46
主要材料	光缆	m	*	—	—
	电缆	m	—	*	*
	镀锌铁线∅1.5	kg	0.10	0.10	0.10
	电缆卡子	只	—	1.01	1.01
	热缩端帽(带气门)	个	—	1.01	1.01
	热缩端帽(不带气门)	个	—	1.01	1.01
	聚乙烯塑料管	m	*	—	—
机械					
仪表					

⑨槽道光缆(6芯)工日计算表见表2-4-21。

表2-4-21 槽道光缆(6芯)工日计算表

序号	定额编号	项目名称	单位	数量	单位定额值/工日		合计值/工日	
					技工	普工	技工	普工
I	II	III	IV	V	VI	VII	VIII	IX
9	TXL5-044	槽道光缆(6芯)	百米条	0.88	0.5	0.5	0.44	0.44

定额编号			TXL5-044	TXL5-045	TXL5-046
项　　目			槽道光缆	槽道光缆	顶棚内光(电)缆
定额单位			条		
名称		单位	数　　量		
人工	技　　工	工日	0.50	0.65	1.00
	普　　工	工日	0.50	0.65	1.00
主要材料	电缆	m	—	102.00	102.00
	光缆	m	102.00	—	—
机械					
仪表					

⑩敷设硬质 PVC 管(∅25 以下)工日计算见表 2 - 4 - 22。

表 2 - 4 - 22　敷设硬质 PVC 管(∅25 以下)工日计算表

序号	定额编号	项目名称	单位	数量	单位定额值/工日		合计值/工日	
					技工	普工	技工	普工
I	II	III	IV	V	VI	VII	VIII	IX
10	TXL5 - 051	敷设硬质 PVC 管(∅25 以下)	100 m	0.12	0.94	3	0.11	0.36

定额编号			TXL5 - 049	TXL5 - 050	TXL5 - 051	TXL5 - 052	TXL5 - 053
项　　目			敷设钢管		敷设硬质 PVC 管		敷设金属软管②
			∅25 以上	∅50 以下	∅25 以上	∅50 以下	
定额单位			100 m				
名　　称		单位	数　　量				
人工	技　工	工日	1.50	2.00	0.94	1.50	—
	普　工	工日	4.13	5.13	3.00	4.13	0.10
主要材料	钢管	m	103.00	103.00	—	—	—
	硬质 PVC 管	m	—	—	105.00	105.00	—
	金属软管	m	—	—	—	—	*
	配件	套	*	*	*	*	*
	交流电焊机(21 kV·A)	台班	0.30	0.50			

⑪敷设塑料线槽(100 宽以上)工日计算表见表 2 - 4 - 23 所示。

表 2 - 4 - 23　敷设塑料线槽(100 宽以上)工日计算表

序号	定额编号	项目名称	单位	数量	单位定额值/工日		合计值/工日	
					技工	普工	技工	普工
I	II	III	IV	V	VI	VII	VIII	IX
11	TXL5 - 058	敷设塑料线槽(100 宽以上)	百米	0.88	2.65	5.38	2.33	4.73

定额编号			TXL5 - 054	TXL5 - 055	TXL5 - 056	TXL5 - 057	TXL5 - 058
项　　目			敷设金属线槽			敷设塑料线槽	
			150 宽以下	300 宽以下	300 宽以上	100 宽以下	100 宽以上
定额单位			100 m				
名　　称		单位	数　　量				
人工	技　工	工日	3.27	4.17	7.13	2.45	2.65
	普　工	工日	6.63	8.43	11.38	4.99	5.38
主要材料	金属线槽	m	105.00	105.00	105.00	—	—
	塑料线槽	m	—	—	—	105.00	105.00
	配件	套	*	*	*	*	*
机械							
仪表							

⑫管、暗槽内穿放光缆工日计算表见表2-4-24。

⑫管、暗槽内穿放光缆工日计算表见表2-4-24。

表2-4-24　管、暗槽内穿放光缆工日计算表

序号	定额编号	项目名称	单位	数量	单位定额值/工日		合计值/工日	
					技工	普工	技工	普工
I	II	III	IV	V	VI	VII	VIII	IX
12	TXL5-068	管、暗槽内穿放光缆	百米条	33.4	0.49	0.49	16.37	16.37

定额编号		TXL5-068	TXL5-069	TXL5-070	TXL5-071	TXL5-072	TXL5-073
项　　目		管、暗槽内穿放光缆	管、暗槽内穿放电缆				
			4对对绞电缆	非屏蔽50对以下	非屏蔽100对以上	屏蔽50对以下①	屏蔽100对以下②
定额单位		百米条					
名　称	单位	数　量					
人工	技　工	工日	0.49	0.45	0.55	1.70	0.65	0.90
	普　工	工日	0.49	0.45	0.55	1.70	0.65	0.90
主要材料	光缆	m	102.00	—	—	—	—	—
	对绞电缆①	m	—	102.50/103.00	102.50	102.50	103	103
	镀锌铁线⌀1.5	kg	—	0.12	0.12	0.12	0.12	0.12
	镀锌铁线⌀40	kg	—	—	1.80	1.80	1.80	1.80
	钢丝⌀1.5	kg	—	0.25	—	—	—	—
机械								

注:①屏蔽电缆包括总屏蔽加线对屏蔽两种形式的对绞电缆均执行本定额。

②以分数形式表示的材料数量,分子为非屏蔽电缆数量,分母为屏蔽电缆数量。

⑬光缆成端接头(束状)工日计算表见表2-4-25。

⑬光缆成端接头(束状)工日计算表见表2-4-25。

表2-4-25　光缆成端接头(束状)工日计算表

序号	定额编号	项目名称	单位	数量	单位定额值/工日		合计值/工日	
					技工	普工	技工	普工
I	II	III	IV	V	VI	VII	VIII	IX
13	TXL6-005	光缆成端接头(束状)	芯	50	0.15	0	7.5	0

定额编号		TXL6-001	TXL6-002	TXL6-003	TXL6-004	TXL6-005	TXL6-006
项　　目		光缆掏纤		机械法光缆接线	现场组装光纤活动连接器	光缆成端接头①	
		4芯以下	每增加2芯			束状	带状
定额单位		处				芯	
名　称	单位	数　量					
人工	技　工	工日	0.75	0.17	0.10	0.08	0.15	0.05
	普　工	工日	—	—	—	—	—	—
主要材料	直通单元	个	(1.01)	—	—	—	—	—
	光纤机械接续子(冷接子)	个	—	—	1.01	—	—	—
	组装式光纤活动连接器	个	—	—	—	1.01	—	—
	光缆成端接头材料	套	—	—	—	—	1.01	1.01
	热缩管	m	—	—	—	—	*	*
机械	光纤熔接机	台班	—	—	—	—	0.03	
	带状光纤熔接机	台班	—	—	—	—		0.01
仪表	光时域反射仪		—	—	0.05	0.05	0.05	0.01

⑭用户光缆测试(2 芯以下)工日计算表见2−4−26。

表 2−4−26　用户光缆测试(2 芯以下)工日计算表

序号	定额编号	项目名称	单位	数量	单位定额值/工日		合计值/工日	
					技工	普工	技工	普工
I	II	III	IV	V	VI	VII	VIII	IX
14	TXL6−101	用户光缆测试(2 芯以下)	段	32	0.26	0	8.32	0

定额编号			TXL6−101	TXL6−102
项　目			用户光缆测试	
			2 芯以下	6 芯以下
定额单位			段	
名　称		单位	数　量	
人工	技　工	工日	0.26	0.50
	普　工	工日		
主要材料				
仪表	稳定光源	台班	(0.05)	(0.08)
	光功率计	台班	(0.05)	(0.08)
	光时域反射仪	台班	(0.05)	(0.08)

⑮用户光缆测试(6 芯以下)工日计算表见表2−4−27。

表 2−4−27　用户光缆测试(6 芯以下)工日计算表

序号	定额编号	项目名称	单位	数量	单位定额值/工日		合计值/工日	
					技工	普工	技工	普工
I	II	III	IV	V	VI	VII	VIII	IX
15	TXL6−102	用户光缆测试(6 芯以下)	段	2	0.5	0	1	0

定额编号		TXL6－101	TXL6－102
项　目		用户光缆测试	
		2 芯以下	6 芯以下
定额单位		段	
名　称	单位	数　量	
人工 技　工	工日	0.26	0.50
普　工	工日		
主要材料			
仪表 稳定光源	台班	(0.05)	(0.08)
光功率计	台班	(0.05)	(0.08)
光时域反射仪	台班	(0.05)	(0.08)

⑯安装光分纤箱、光分路箱(墙壁式)工日计算表见表2－4－28。

表 2－4－28　安装光分纤箱、光分路箱(墙壁式)工日计算表

序号	定额编号	项目名称	单位	数量	单位定额值/工日		合计值/工日	
					技工	普工	技工	普工
I	II	III	IV	V	VI	VII	VIII	IX
16	TXL7－024	安装光分纤箱、光分路箱(墙壁式)	套	2	0.5	0.5	1	1

定额编号		TXL7－023	TXL7－024	TXL7－025	TXL7－026	TXL7－027
项　目		安装光分纤箱、光分路箱		安装光缆终端盒	安装光缆接线箱	增(扩)装光纤一体化熔接托盘
		架空式	墙壁式			
定额单位		套				
名　称	单位	数　量				
人工 技　工	工日	0.56	0.50	0.30	0.55	0.10
普　工	工日	0.56	0.50	0.30	0.55	—
主要材料 光缆终端盒	套			1.00		
光缆接线箱(接头箱)	套	—	—	—	1.00	—
一体化熔接托盘	套	—	—	—	—	1.00
光分纤箱(光分路箱)	个	1.00	1.00			
固定材料	套	1.01	1.01	1.01	1.01	1.01

⑰机架(箱)内安装光分路器(安装高度1.5 m以上)工日计算表见表2－4－29。

表 2-4-29 机架(箱)内安装光分路器(安装高度 1.5 m 以上)工日计算表

序号	定额编号	项目名称	单位	数量	单位定额值/工日		合计值/工日	
					技工	普工	技工	普工
I	II	III	IV	V	VI	VII	VIII	IX
17	TXL7-029	机架(箱)内安装光分路器(安装高度 1.5 m 以上)	台	2	0.4	0	0.8	0

定额编号			TXL7-028	TXL7-029	TXL7-030
项 目			机架(箱)内安装分路器		光分路器与光纤线路插接[①]
			安装高度 1.5 m 以下	安装高度 1.5 m 以上	
定额单位			台		端口
名 称		单位	数 量		
人工	技 工	工日	0.20	0.40	0.03
	普 工	工日	—		
主要材料	光分路器	只	1.00	1.00	
	固定材料	套	(1.00)	(1.00)	
仪表					

注:[①]"光分路器与光纤线路插接"定额适用于光分路器的上、下行端口与已有活动连接器的光纤线路的插接。

⑱光分路器本机测试(1:16)工日计算表见表 2-4-30。

表 2-4-30 光分路器本机测试(1:16)工日计算表

序号	定额编号	项目名称	单位	数量	单位定额值/工日		合计值/工日	
					技工	普工	技工	普工
I	II	III	IV	V	VI	VII	VIII	IX
18	TXL7-034	光分路器本机测试(1:16)	套	1	0.5	0	0.5	0

定额编号			TXL7-031	TXL7-032	TXL7-033	TXL7-034	TXL7-035	TXL7-036	TXL7-037
项 目			光分路器本机测[①]						
			1:2	1:4	1:8	1:6	1:32	1:64	1:128
定额单位			套						
名 称		单位	数量						
人工	技 工	工日	0.16	0.29	0.40	0.50	0.61	0.70	0.80
	普 工	工日	—	—	—	—			
主要材料									
			—	—	—	—			
机械									
仪表	光功率计	台班	0.06	0.12	0.18	0.24	0.28	0.32	0.36
	稳定光源	台班	0.06	0.12	0.18	0.24	0.28	0.32	0.36

通信工程设计实务

⑲光分路器本机测试(1:32)工日计算表见表 2 - 4 - 31。

表 2 - 4 - 31　光分路器本机测试(1:32)工日计算表

序号	定额编号	项目名称	单位	数量	单位定额值/工日		合计值/工日	
					技工	普工	技工	普工
I	II	III	IV	V	VI	VII	VIII	IX
19	TXL7 - 035	光分路器本机测试(1:32)	套	1	0.61	0	0.61	0

定额编号		TXL7 - 031	TXL7 - 032	TXL7 - 033	TXL7 - 034	TXL7 - 035	TXL7 - 036	TXL7 - 037
项　目		光分路器本机测						
		1:2	1:4	1:8	1:16	1:32	1:64	1:128
定额单位		套						
名　称	单位	数量						
人工 技　工	工日	0.16	0.29	0.40	0.50	0.61	0.70	0.80
普　工	工日	—	—		—			
主要材料								
		—			—			
机械								
仪表 光功率计	台班	0.06	0.12	0.18	0.24	0.28	0.32	0.36
稳定光源	台班	0.06	0.12	0.18	0.24	0.28	0.32	0.36

⑳布放电力电缆(单芯相线截面织)16 mm² 工日计算表见表 2 - 4 - 32。

表 2 - 4 - 32　布放电力电缆(单芯相线截面织)16 mm² 工日计算表

序号	定额编号	项目名称	单位	数量	单位定额值/工日		合计值/工日	
					技工	普工	技工	普工
I	II	III	IV	V	VI	VII	VIII	IX
20	TSD5 - 021	布放电力电缆(单芯相线截面织)16 mm²	十米条	2	0.15	0	0.3	0

定额编号		TSD5-021	TSD5-022	TSD5-023	TSD5-014	TSD5-025	TSD5-026	TSD5-127
项　　目		室内布放电力电缆（单芯相线截面积）①						
		16 mm²以下	35 mm²以下	70 mm²以下	120 mm²以下	185 mm²以下	240 mm²以下	500 mm²以下
定额单位		十米条						
名　称	单位	数　量						
人工 技　工	工日	0.15	0.20	0.29	0.34	0.41	0.55	0.83
人工 普　工	工日	—	—	—	—	—	—	—
主要材料 电力电缆	m	10.15	10.15	10.15	10.15	10.15	10.15	10.15
机械								
仪表 绝缘电阻测试仪	台班	0.10	0.10	0.10	0.10	0.10	0.10	0.10

注：①对于2芯电力电缆的印放，挂甲芯相应工日乘以系数1.1计取；对于9芯及3+1芯电力电缆的印放，挂甲芯相应工日乘以系数1.3计取；对于5芯电力电缆的介放，拉中芯相应工日乘以系数1.5计取。

㉑圆钢接地极（硬土）工日计算见表2-4-33。

表2-4-33　圆钢接地极（硬土）工日计算表

序号	定额编号	项目名称	单位	数量	单位定额值/工日		合计值/工日	
					技工	普工	技工	普工
I	II	III	IV	V	VI	VII	VIII	IX
21	TSD6-006	圆钢接地极（硬土）	根	2	0.43		0.86	0

定额编号		TSD6-001	TSD6-002	TSD6-003	TSD6-004	TSD6-005	TSD6-006
项　　目		钢管接地极		角钢接地极		圆钢接地极	
		普通土	硬土	普通土	硬土	普通土	硬土
定额单位		根					
名　称	单位	数　量					
人工 技　工	工日	0.46	0.52	0.32	0.37	0.23	0.43
人工 普　工	工日	—	—	—	—	—	—
机械 交流弧焊机（21 kV·A）	台班	0.14	0.14	0.05	0.05	0.02	0.02
仪表							

注：①按地极所用的钢管、角钢、扁钢、圆钢、钢板、裸铜线等主要材料用量由设计根据实际计列。

㉒安装标志牌工日计算表见表2-4-34。

表 2 - 4 - 34　安装标志牌工日计算表

序号	定额编号	项目名称	单位	数量	单位定额值/工日		合计值/工日	
					技工	普工	技工	普工
I	II	III	IV	V	VI	VII	VIII	IX
22	估列	安装标志牌	个	40	0.00	0.03	0	1.2

通信工程招投标,一般都是降点,施工单位降点大都体现在表三甲的"工日"上。如承担《创业园 FTTH 全覆盖光缆工程》施工任务的施工单位投标降点 26.3%,也就是工日下浮 26.3%。则表三甲总工日见表 2 - 4 - 35。

表 2 - 4 - 35　建筑安装工程量预算表(表三)甲

序号	定额编号	项目名称	单位	数量	单位定额值/工日		合计值/工日	
					技工	普工	技工	普工
I	II	III	IV	V	VI	VII	VIII	IX
1	TXL1 - 003	光(电)缆工程施工测量(管道)	100 m	8.235	0.35	0.09	2.88	0.74
2	TXL1 - 006	光缆单盘检验	芯盘	6	0.02	0	0.12	0.00
3	TXL4 - 001	布放光(电)缆人孔抽水(积水)	个	12	0.25	0.5	3.00	6.00
4	TXL4 - 004	人工敷设塑料子管(1 孔子管)	km	0.399 5	4	5.57	1.60	2.23
5	TXL4 - 011	敷设管道光缆(12 芯以下)	千米条	0.399 5	5.5	10.94	2.20	4.37
6	TXL4 - 037	打穿楼墙洞(砖墙)	个	14	0.07	0.06	0.98	0.84
7	TXL4 - 046	安装引上钢管(∅50 以上)(墙上)	根	3	0.35	0.35	1.05	1.05
8	TXL4 - 050	穿放引上光缆(6 芯)	条	2	0.52	0.52	1.04	1.04
9	TXL5 - 044	槽道光缆(6 芯)	百米条	0.88	0.5	0.5	0.44	0.44
10	TXL5 - 051	敷设硬质 PVC 管(∅25 以下)	100 m	0.12	0.94	3	0.11	0.36
11	TXL5 - 058	敷设塑料线槽(100 宽以上)	100 m	0.88	2.65	5.38	2.33	4.73
12	TXL5 - 068	管、暗槽内穿放光缆	百米条	33.4	0.49	0.49	16.37	16.37
13	TXL6 - 005	光缆成端接头(束状)	芯	50	0.15	0	7.5	0
14	TXL6 - 101	用户光缆测试(2 芯以下)	段	32	0.26	0	8.32	0
15	TXL6 - 102	用户光缆测试(6 芯以下)	段	2	0.5	0	1	0
16	TXL7 - 024	安装光分纤箱、光分路箱(墙壁式)	套	2	0.5	0.5	1	1
17	TXL7 - 029	机架(箱)内安装光分路器(安装高度 1.5 m 以上)	台	2	0.4	0	0.8	0
18	TXL7 - 034	光分路器本机测试(1:16)	套	1	0.5	0	0.5	0
19	TXL7 - 035	光分路器本机测试(1:32)	套	1	0.61	0	0.61	0
20	TSD5 - 021	布放电力电缆(单芯相线截面织)16 mm²	十米条	2	0.15	0	0.3	0
21	TSD6 - 006	圆钢接地极(硬土)	根	2	0.43		0.86	0
22	估列	安装标志牌	个	40	0.00	0.03	0	1.2
		合计					53.01	40.37
		工日下浮 26.3%					-13.94	-10.62
		下浮后					39.07	29.75

（2）《建筑安装工程机械使用费预算表（表三）乙》计算如下：

说明：预算定额中给出了该项目（工序）机械台班消耗量，台班单价根据《信息通信建设工程施工机械、仪表台班单价》（一、信息通信建设工程施工机械台班单价）中机械名称查找对应的单价。建筑安装工程机械使用费预算表（表三）乙见表2－4－36。

表2－4－36　建筑安装工程机械使用费预算表（表三）乙

序号	定额编号	项目名称	单位	数量	机械名称	单位定额值		合计值	
						消耗量/台班	单价/元	消耗量/台班	合价/元
1	TXL4－001	布放光（电）缆人孔抽水（积水）	个	12	抽水机	0.2	119	2.4	285.6
2	TXL6－005	光缆成端接头（束状）	芯	50	光纤熔接机	0.03	144	1.5	216
3	TSD6－006	圆钢接地极（硬土）	根	2	交流弧焊机	0.02	120	0.04	4.8
		合计							506.4

（3）《建筑安装工程仪器仪表使用费预算表（表三）丙》计算如下：

说明：预算定额中给出了该项目（工序）仪表台班数量，台班单价在《信息通信建设工程施工机械、仪表台班单价》（二、信息通信建设工程仪表台班单价）中仪表名称查找对应的单价。建筑安装工程仪器仪表使用费预算表（表三）丙见表2－4－37。

表2－4－37　建筑安装工程仪器仪表使用费预算表（表三）丙

序号	定额编号	项目名称	单位	数量	仪表名称	单位定额值		合计值	
						消耗量/台班	单价/元	消耗量/台班	合价/元
I	II	III	IV	V	VI	VII	VIII	IX	X
1	TXL1－003	光（电）缆工程施工测量（管道）	百米	8.235	激光测距仪	0.04	119	0.33	39.20
2	TXL1－006	光缆单盘检验	芯盘	6	光时域反射仪	0.05	163	0.30	48.90
3	TXL1－006	光缆单盘检验	芯盘	6	偏振模色散测试仪	0.05	455	0.30	136.50
4	TXL4－005	人工敷设塑料子管（2孔子管）	km	0.3995	可燃气体检测仪	0.25	117	0.10	11.69
5	TXL6－005	光缆成端接头（束状）	芯	50	光时域反射仪	0.05	153	2.50	382.50
6	TXL6－101	用户光缆测试（2芯以下）	段	32	稳定电源	0.05	117	1.60	187.20
7	TXL6－101	用户光缆测试（2芯以下）	段	32	光功率计	0.05	116	1.60	185.60
8	TXL6－101	用户光缆测试（2芯以下）	段	32	光时域反射仪	0.05	153	1.60	244.80
9	TXL6－102	用户光缆测试（6芯以下）	段	2	稳定电源	0.08	117	0.16	18.72
10	TXL6－102	用户光缆测试（6芯以下）	段	2	光功率计	0.08	116	0.16	18.56

序号	定额编号	项目名称	单位	数量	仪表名称	单位定额值		合计值	
						消耗量/台班	单价/元	消耗量/台班	合价/元
11	TXL6-102	用户光缆测试(6芯以下)	段	2	光时域反射仪	0.08	153	0.16	24.48
12	TXL7-034	光分路器本机测试(1:16)	套	1	稳定电源	0.24	117	0.24	28.08
13	TXL7-034	光分路器本机测试(1:16)	套	1	光功率计	0.24	116	0.24	27.84
14	TXL7-035	光分路器本机测试(1:32)	套	1	稳定电源	0.28	117	0.28	32.76
15	TXL7-035	光分路器本机测试(1:32)	套	1	光功率计	0.28	116	0.28	32.48
16	TSD5-021	布放电力电缆(单芯相线截面织)16 mm²	十米条	2	绝缘电阻测试仪	0.1	120	0.20	24.00
		合计							1 443.30

任务8 编制预算表四设备、材料

(1)学生学会使用《信息通信建设工程费用定额》,掌握不同器材运杂费套用对应的运杂费率、不同工程专业套用对应的采购及保管费率。

(2)设备价格、材料价格以建设单位提供的合同为准。

(3)特别注意主材变设备的掌握:

①财税〔2003〕16号《关于营业税若干政策问题的通知》:通信线路工程和输送管道工程所使用的电缆、光缆和构成管道工程主体的防腐管段、管件(弯头、三通、冷弯管、绝缘接头)、清管器、收发球筒、机泵、加热炉、金属容器等物品均属于设备,其价值不包括在工程的计税营业额中。

其他建筑安装工程的计税营业额也不应包括设备价值,具体设备名单可由省级地方税务机关根据各自实际情况列举。

②工信部规〔2003〕13号文件《关于通信线路工程中电缆、光缆费用计列有关问题的通知》:各单位仅在编制通信工程概预算计算税金时,将光缆、电缆的费用从直接工程费中核减。编制通信工程概预算的其他规则暂不做变动。

主材变设备涉及监理计费额,设备费打四折的问题,从上述文件中得知,只有工程中光缆、电缆才可以变为设备,进入表四设备表。国内器材预算表(表四)甲(国内主材表)见表2-4-38,国内器材预算表(表四)(国内设备表)见表2-4-39。

表 2 - 4 - 38 　国内器材预算表(表四)甲

(国内主材表)

序号	器 材 名 称	规 格 程 式	单位	数量	单价/元 除税价	合计/元 除税价	合计/元 增值税	合计/元 含税价	备注
I	II	III	IV	V	VII	VIII	IX	X	XI
一	甲供材料								
1	铜线耳	6 mm²	个	2	2.10	4.20	0.71	4.91	
2	地线棒	14×1 070	条	2	10.25	20.50	3.49	23.99	
3	套塑铁线	1.2 mm	m	100	0.35	35.00	5.95	40.95	
4	镀锌铁线	1.5 mm	kg	2	9.00	18.00	3.06	21.06	
5	镀锌钢管	∅110×4×2 000 mm	条	3	80.00	240.00	40.80	280.80	
6	Ω型镀锌铁管码	∅110	个	6	4.50	27.00	4.59	31.59	
7	Ω型镀锌铁管码	∅25	个	6	1.00	6.00	1.02	7.02	
8	水泥钢钉	3×25,500 支	盒	1	9.50	9.50	1.62	11.12	
	(1)小计:1~8 项之和					360.20	61.23	421.43	
	(2)运杂费:(1)×3.6%					12.97	1.43	14.39	
	(3)采购及保管费:(1)×1.1%					3.96	0.44	4.40	
	合计(1):(1)~(3)之和					377.13	63.10	440.23	
9	单塑阻燃电力电缆	ZR-BV-6 mm²(黄绿双色)	m	20	3.97	79.40	13.50	92.90	
	(1)小计:9 项之和					79.40	13.50	92.90	
	(2)运杂费:(1)×1.0%					0.79	0.09	0.88	
	(3)采购及保管费:(1)×1.1%					0.87	0.10	0.97	
	合计(2):(1)~(3)之和					81.07	13.68	94.75	
10	波纹管	∅20 mm	m	50	1.90	95.00	16.15	111.15	
11	80T 胶布	3 M	卷/圈	5	10.00	50.00	8.50	58.50	
12	单芯熔接保护套管	RBG-1	条	2	3.00	6.00	1.02	7.02	
13	光缆挂号牌(塑料)		块	40	1.80	72.00	12.24	84.24	
14	尾纤色带标签	白底黑字 12 mm 型号 TZ-231	盒	1	40.00	40.00	6.80	46.80	
15	标牌色带	PP-RC3BKF	卷	0.067	550.00	36.67	6.23	42.90	
16	尼龙扎带	3.6 mm×150 mm	条	104	0.15	15.60	2.65	18.25	
17	阻燃塑料线管	∅25 mm	m	35	4.00	140.00	23.80	163.80	

序号	器材名称	规格程式	单位	数量	单价/元	合计/元			备注
					除税价	除税价	增值税	含税价	
18	塑料线槽	60 mm×22 mm	m	88	6.05	532.40	90.51	622.91	
19	PVC 管	Ø 25 mm × 2.5 mm × 3.8 m	条	2	15.20	30.40	5.17	35.57	
20	防火泥		kg	2	12.00	24.00	4.08	28.08	
21	白色子管		米	400	1.63	652.00	110.84	762.84	
	(1)小计 10 ~ 22 项之和					1 694.07	287.99	1 982.06	
	(2)运杂费:(1)×4.3%					72.84	8.01	80.86	
	(3)采购及保管费:(1)×1.1%					18.63	2.05	20.68	
	合计(2):(1) ~ (3)之和					1 785.55	298.05	2 083.60	
	总计 = 甲供材料合计 + 乙供材料合计 + 包工包料材料合计					2 243.74	374.83	2 618.57	

表 2 – 4 – 39　国内器材预算表(表四)甲

(国内设备表)

序号	器材名称	规格程式	单位	数量	单价/元	合计/元			备注
					除税价	除税价	增值税	含税价	
I	II	IV	V	VI	VII	VIII	IX	X	XI
1	层绞式光缆	GYTA – 6B1	m	620	2.10	1 302.00	221.34	1 523.34	
2	蝶形引入光缆(管道)	GJYPFH – 2	km	1.56	1 760.00	2 745.60	466.75	3 212.35	
3	蝶形引入光缆	GJXH – 2	km	1.78	654.00	1 164.12	197.90	1 362.02	
4	48 芯挂墙式光分路器箱	(可装分光器,含48个 FC 适配器,不含尾纤)	套	1	780.00	780.00	132.60	912.60	
5	24 芯挂墙式光分路器箱	(可装分光器,含24个 FC 适配器,不含尾纤)	套	1	460.00	460.00	78.20	538.20	
6	光分路器(均分)—托盘式	PLC,1 × 16 尾纤型 (3 m),FC/UPC 公接头	套	1	485.00	485.00	82.45	567.45	
7	光分路器(均分)—托盘式	PLC,1 × 32 尾纤型 (3 m),FC/UPC 公接头	套	1	765.00	765.00	130.05	895.05	
8	普通单模尾纤	FC/PC – FC/PC – 3 m	条	25	9.21	230.25	39.14	269.39	
	总计 = 甲供设备材料合计					7931.97	1348.43	9 280.40	

任务9　编制预算表二

编制制预算表二也就是《建筑安装工程费用预算表(表二)》,主要是让学生熟悉并熟练使用《信息通信建设工程费用定额》。该表也简称"建安费"表,直接与施工单位的结算费用关联。

《建筑安装工程费用预算表(表二)》是组成工程总价值的一部分,同时也是设计院、监理公司计费额的一部分。根据任务 7 可知,施工单位投标降点主要体现在《建筑安装工程量预算表(表三)甲》工日下浮中,其工日直接与《建筑安装工程费用预算表(表二)》关联。

因施工单位降点与设计院、监理公司无关,所以需要单独编制一个施工单位不下浮降点的《建筑安装工程费用预算表(表二)》,专用于表五,计算设计、监理费和安全生产费。

安全生产费用根据工信部通信〔2015〕406 号《通信建设工程安全生产管理规定》第七条勘察、设计单位的安全生产责任:"(三)设计单位编制工程概预算时,必须按照相关规定全额列出安全生产费用"要求,《建筑安装工程费用预算表(表二)》费用是不能用施工单位降点下浮的。建筑安装工程费用预算表(表二)(下浮)见表 2 - 4 - 40,建筑安装工程费用预算表(表二)(未下浮)见表 2 - 4 - 41。

表 2 - 4 - 40　建筑安装工程费用预算表(表二)(下浮)

序号	费用名称	依据和计算方法	合计/元	序号	费用名称	依据和计算方法	合计/元
I	II	III	IV	I	II	III	IV
	建筑安装工程费(含税)	一 + 二 + 三 + 四	20 083.84	7	夜间施工增加费	人工费 ×2.5%	156.71
	建筑安装工程费(不含税)	一 + 二 + 三	17 978.22	8	冬雨季施工增加费	人工费 ×2.5%	156.71
一	直接费	(一) + (二)	12 367.96	9	生产工具用具使用费	人工费 ×1.5%	94.03
(一)	直接工程费	1 +2 +3 +4	10 468.62	10	施工用水电蒸气费	按实际费用估列	
1	人工费	(1) + (2)	6 268.44	11	特殊地区施工增加费	总工日 ×( )元/工日	
(1)	技工费	技工总工日 ×114	4 453.65	12	已完工程及设备保护费	人工费 ×对应专业费率	125.37
(2)	普工费	普工总工日 ×61	1 814.79	13	运土费	按实际费用估列	
2	材料费	(1) + (2)	2 250.47	14	施工队伍调遣费		
(1)	主要材料费	国内主材费 + 引进主材费	2 243.74	15	大型施工机械调遣费	2 ×[0 元/吨·单程公里 ×公里 ×0 吨]	
(2)	辅助材料费	主要材料费 ×0.3%	6.73	二	间接费		3 823.75
3	机械使用费		506.40	(一)	规费		2 106.20
4	仪表使用费		1 443.30	1	工程排污费	根据施工所在政府部门规定估列	—
(二)	措施费	1 +2 +… +15	1 899.34	2	社会保障费	人工费 ×28.50%	1 786.51
1	文明施工费	人工费 ×1.5%	94.03	3	住房公积金	人工费 ×4.19%	257.01
2	工地器材搬运费	人工费 ×3.4%	213.13	4	危险作业意外伤害保险费	人工费 ×1.00%	62.68
3	工程干扰费	人工费 ×6.0%	376.11	(二)	企业管理费	人工费 ×27.40%	1 717.55
4	工程点交、场地清理费	人工费 ×3.3%	206.86	三	利润	人工费 ×20.00%	1 786.51

通信工程设计实务

序号	费用名称	依据和计算方法	合计/元	序号	费用名称	依据和计算方法	合计/元
5	临时设施费	人工费×2.6%	162.98	四	销项税额	(人工费+乙供主材费+辅材费+机械使用费+仪表使用费+措施费+规费+企业管理费+利润)×11%+甲供主材费×适用税率	2 105.62
6	工程车辆使用费	人工费×5.0%	313.42				

表 2-4-41 建筑安装工程费用预算表(表二)(未下浮)

序号	费用名称	依据和计算方法	合计/元	序号	费用名称	依据和计算方法	合计/元
Ⅰ	Ⅱ	Ⅲ	Ⅳ	Ⅰ	Ⅱ	Ⅲ	Ⅳ
	建筑安装工程费(含税)	一+二+三+四	25 541.40	7	夜间施工增加费	人工费×2.5%	212.63
	建筑安装工程费(不含税)	一+二+三	22 894.94	8	冬雨季施工增加费	人工费×2.5%	212.63
一	直接费	(一)+(二)	15 282.65	9	生产工具用具使用费	人工费×1.5%	127.58
(一)	直接工程费	1+2+3+4	12 705.53	10	施工用水电蒸气费	按实际费用估列	—
1	人工费	(1)+(2)	8 505.35	11	特殊地区施工增加费	总工日×0元/工日	—
(1)	技工费	技工总工日×114	6 042.95	12	已完工程及设备保护费	人工费×对应专业费率	170.11
(2)	普工费	普工总工日×61	2 462.40	13	运土费	按实际费用估列	—
2	材料费	(1)+(2)	2 250.47	14	施工队伍调遣费		
(1)	主要材料费	国内主材费+引进主材费	2 243.74	15	大型施工机械调遣费	2×(0元/吨·单程公里×公里×0吨)	
(2)	辅助材料费	主要材料费×0.3%	6.73	二	间接费		5 188.26
3	机械使用费		506.40	(一)	规费		2 857.80
4	仪表使用费		1 443.30	1	工程排污费	根据施工所在政府部门规定估列	—
(二)	措施费	1+2+…+15	2 577.12	2	社会保障费	人工费×28.50%	2 424.03
1	文明施工费	人工费×1.5%	127.58	3	住房公积金	人工费×4.19%	348.72
2	工地器材搬运费	人工费×3.4%	289.18	4	危险作业意外伤害保险费	人工费×1.00%	85.05
3	工程干扰费	人工费×6.0%	510.32	(二)	企业管理费	人工费×27.40%	2 330.47
4	工程点交、场地清理费	人工费×3.3%	280.68	三	利润	人工费×20.00%	2 424.03

序号	费 用 名 称	依据和计算方法	合计/元	序号	费用名称	依据和计算方法	合计/元
5	临时设施费	人工费×2.6%	221.14	四	销项税额	(人工费＋乙供主材费＋辅材费＋机械使用费＋仪表使用费＋措施费＋规费＋企业管理费＋利润)×11%＋甲供主材费×适用税率	2 646.46
6	工程车辆使用费	人工费×5.0%	425.27				

任务 10　编制预算表五

编制预算表五,也就编制《工程建设其他费预算表(表五)甲》,简称其他费,主要是让学生熟悉并熟练使用《信息通信建设工程费用定额》。

1. 建设用地及综合赔补费

(1)根据应征建设用地面积、临时用地面积,按建设项目所在省、自治区、直辖市人民政府制定颁发的土地征用补偿费、安置补助费标准和耕地占用税、城镇土地使用税标准计算。

(2)建设用地上的建(构)筑物如需迁建,其迁建补偿费应按迁建补偿协议计列或按新建同类工程造价计算。

2. 建设单位管理费

建设单位可根据《关于印发〈基本建设项目建设成本管理规定〉的通知》(财建〔2016〕504号)结合自身实际情况制定项目建设管理费取费规则。

如建设项目采用工程总承包方式,其总包管理费由建设单位与总包单位根据总包工作范围在合同中商定,从项目建设管理费中列支。

3. 可行性研究费

根据《国家发展改革委关于进一步放开建设项目专业服务价格的通知》(发改价格〔2015〕299 号)文件的要求,可行性研究服务收费实行市场调节价。

4. 研究试验费

(1)根据建设项目研究试验内容和要求进行编制。

(2)研究试验费不包括以下项目:

①应由科技三项费用(新产品试制费、中间试验费和重要科学研究补助费)开支的项目。

②应在建筑安装费用中列支的施工企业对材料、构件进行一般鉴定、检查所发生的费用及技术革新的研究试验费。

③应由勘察设计费或工程费中开支的项目。

5. 勘察设计费

根据《国家发展改革委关于进一步放开建设项目专业服务价格的通知》(发改价格〔2015〕299 号)文件的要求,勘察设计服务收费实行市场调节价。

目前勘察设计费计算,执行是国家计委、建设部关于发布《工程勘察设计收费管理规定》的通知计价格〔2002〕10 号文件。

$$勘察费 = 勘察长度(km) \times 基价 \times 投标降点$$
$$= 0.8235 \times 2000 \times (1 - 38.2\%) = 1017.35(元)$$
$$设计费 = 下浮前工程费 \times 设计收费率 \times (1 - 38.2\%)$$
$$= 30826.91 \times 4.5\% \times (1 - 38.2\%)$$
$$= 857.3(元)$$
$$勘察设计 = 勘察费 + 设计费 = 1875.14(元)$$

6. 环境影响评价费

根据《国家发展改革委关于进一步放开建设项目专业服务价格的通知》(发改价格〔2015〕299号)文件的要求,环境影响咨询服务收费实行市场调节价。

7. 建设工程监理费

根据《国家发展改革委关于进一步放开建设项目专业服务价格的通知》(发改价格〔2015〕299号)文件的要求,建设工程监理服务收费实行市场调节价。可参照相关标准作为计价基础。

目前建设工程监理费执行国家发改委、建设部关于《通信建设监理与相关服务收费管理规定》的通知发改价格〔2007〕670号文件。

监理费计算前,先要判断设备费是否打四折,其判断如表2-4-42所示。

表 2-4-42 判断设备费是否打四折表

设备费	建安费	工程费	工程费40%	判 断	
7931.97	22894.94	30826.91	12330.76	工程费40% > 设备费?	由于此建设工程工程费×40% > 设备费,所以判断设备费不需要打四折

则施工阶段监理费 = 计费额(下浮前工程费) × 监理收费率 × 监理降点
$$= 30\ 826.91 \times 3.3\% \times (1 - 1.15\%)$$
$$= 1\ 005.59(元)$$

设计及保修阶段监理费按建设单位合同为准,本创业园工程设计及保修阶段监理费为施工阶段监理费的7.7%。

则设计及保修阶段监理费 $= 30\ 826.91 \times 3.3\% \times (1 - 1.15\%) \times 7.7\%$
$$= 77.43(元)$$

监理费 = 施工阶段监理费 + 设计及保修阶段监理费
$$= 1\ 083.02\ 元$$

8. 安全生产费

参照《关于印发〈企业安全生产费用提取和使用管理办法〉的通知》财企〔2012〕16号文规定执行。

安全生产费 = 建筑安装工程费用预算表(表二)(下浮前工程费) × 1.5%
$$= 22\ 894.94 \times 1.5\%$$
$$= 343.42(元)$$

9. 引进技术和引进设备其他费

(1)引进项目图纸资料翻译复制费:根据引进项目的具体情况计列或按引进设备到岸价的比例估列。

（2）出国人员费用：依据合同规定的出国人次、期限和费用标准计算。生活费及制装费按照财政部、外交部规定的现行标准计算，旅费按中国民航公布的国际航线票价计算。

（3）来华人员费用：应依据引进合同有关条款规定计算。引进合同价款中已包括的费用内容不得重复计算。来华人员接待费用可按每人次费用指标计算。

（4）银行担保及承诺费：应按担保或承诺协议计取。

10. 工程保险费

（1）不投保的工程不计取此项费用。

（2）不同的建设项目可根据工程特点选择投保险种，根据投保合同计列保险费用。

11. 工程招标代理费

《国家发展改革委关于进一步放开建设项目专业服务价格的通知》（发改价格〔2015〕299号）文件的要求，工程招标代理服务收费实行市场调节价。

12. 专利及专用技术使用费

（1）按专利使用许可协议和专有技术使用合同的规定计列。

（2）专有技术的界定应以省、部级鉴定机构的批准为依据。

（3）项目投资中只计取需要在建设期支付的专利及专有技术使用费。协议或合同规定在生产期支付的使用费应在成本中核算。

13. 其他费用

根据工程实际计列。

14. 生产准备及开办费

新建项目按设计定员为基数计算，改扩建项目按新增设计定员为基数计算：生产准备及开办费 = 设计定员 × 生产准备费指标（元/人）生产准备及开办费指标由投资企业自行测算。此项费用列入运营费。

工程建设其他费预算表（表五）甲见表 2 - 4 - 43。

表 2 - 4 - 43　工程建设其他费预算表（表五）甲

序号	费 用 名 称	计算依据及方法	金额/元			备注
			除税价	增值税	含税价	
I	II	III	IV	V	VI	V
1	建设用地及综合赔补费	依据建设用地性质与建设所在政府制定相关费、税标准估列			—	
2	建设单位管理费		229.13		229.13	
3	可行性研究费				—	
4	研究试验费				—	
5	勘察设计费	勘察费 + 设计费	1 875.14	112.51	1 987.65	
(1)	勘察费		1 017.85	61.07	1 078.92	
(2)	设计费	通信设计费收费基价 × 专业调整系数 × 工程复杂程度调整系数 × 附加调整系数	857.30	51.44	908.73	
6	环境影响评价费			—	—	
7	劳动安全卫生评价费	依据建设项目所在地劳动行政部门规定标准估列		—	—	

序号	费用名称	计算依据及方法	金额/元			备注
			除税价	增值税	含税价	
8	建设工程监理费	勘察设计及保修阶段监理费＋施工阶段监理费	1 083.02	64.98	1 148.00	
(1)	勘察设计及保修阶段监理费		77.43	4.65	82.08	
(2)	施工阶段监理费	工程收费基价(按监理费收费计费额)	1 005.59	60.34	1 065.92	
9	安全生产费	建筑安装工程费×1.5%	343.42	37.78	381.20	
10	引进技术及引进设备其他费		—	—	—	
11	工程保险费		—	—	—	
12	工程招标代理费		—	—	—	
13	资源录入费	录入工日(技工＋普工总工日)×录入工日系数×209	97.58	5.85	103.43	
14	集成费	分光器端口数(用户侧)×3.89	—	—	—	
-	总计		3 628.30	221.12	3 849.42	
15	生产准备及开办费(运营费)	人×元/人	—	—	—	

任务 11 编制预算表一

编制预算表一,也就是编制《工程预算总表(表一)》,主要是让学生熟悉并熟练使用《信息通信建设工程费用定额》。通过本表可以看出创业园 FTTH 覆盖光缆工程总投资为 33 223.78 元。同时可以分析各项费用的组成。其工程造价 33 223.78/48(端口) ＝692 元,小于该场景建设每个端口造价 1 000 元的要求(该场景建设单位要求经济指标)。说明创业园 FTTH 覆盖光缆工程设计技术可行,经济合理。工程预算总表(表一)见表 2 - 4 - 44。

表 2 - 4 - 44 工程预算总表(表一)

序号	表格编号	费用名称	小型建筑工程费	需要安装的设备费	不需安装的设备、工器具	建筑安装工程费	其他费用	预备费	总 价 值			
			(元)						除税价	增值税	含税价	其中外币
I	II	III	IV	V	VI	VII	VIII	IX	X	XI	XII	XIII
1	TXL - 四甲 B, TXL - 2/2	工程费(下浮前)	7 931.97	0.00		22 894.94			30 826.91	3 994.90	34 821.81	
	TXL - 四甲 B, TXL - 2/1	工程费(下浮后)	7 931.97	0.00		17 978.22			25 910.19	3 454.06	29 364.25	

序号	表格编号	费用名称	小型建筑工程费	需要安装的设备费	不需安装的设备、工器具	建筑安装工程费	其他费用	预备费	总 价 值			
			(元)						除税价	增值税	含税价	其中外币
2	TXL – 五甲	工程建设其他费用				3 638.41			3 638.41	221.12	3 859.53	
3		合计	7 931.97	0.00	17 978.22	3 638.41		0.00	29 548.60	3 675.18	33 223.78	
4		预备费						0.00	0.00	0.00	0.00	
5		建设期利息										
6		总计	7 931.97	0.00	17 978.22	3 638.41		0.00	29 548.60	3 675.18	33 223.78	

应会技能训练 单项工程概预算文件编制

1. 实训目的

熟悉和掌握单项工程概预算文件编制流程、技巧、方法。

2. 实训内容

(1)按照本项目所讲的流程、技巧和方法用手工的形式编制本工程的概预算文件。

(2)在计算机上用通信工程概预算软件编制本项目的概预算文件。

(3)比较两者的不同并找出原因。

(4)写出概预算编制说明。

(5)形成概预算最终文件。

第三部分　通信工程设计文件编制规定

YD/T 5211—2014

1　总则

1.0.1　为了为保证通信工程设计文件编制符合国家政策及相关标准的规定,加强对工程设计文件编制工作的管理,保证设计文件的质量,制定本规定。

1.0.2　本规定适用于新建、扩建、改建、搬迁通信工程初步设计、施工图设计、一阶段设计的文件编制。

1.0.3　本规定适用于各类通信系统的设计文件以及各阶段设计,包括总册、单项工程设计、单位工程设计,以及单独成册的设计说明、设计说明与图纸、概(预)算、图纸、设计修改册、修正概(预)算等。

1.0.4　工程设计文件的编制应满足各设计阶段的技术要求,内容完整齐全,文字表达应逻辑严谨、简练明确、准确无误,应能指导下一阶段的工作。

1.0.5　工程设计文件应采用法定计量单位,所采用的图形符号应符合相应的国家标准及YD/T 5015《电信工程制图与图形符号相关规定》,自制的图形符号应附有说明。

1.0.6　工程设计文件应采用规范的简化汉字。用词应使用中文,必要时可在中文词汇后加注相应的外文词汇,在确需使用无相应中文词汇的外文词汇时,应在第一次出现时加以说明。

1.0.7　工程设计文件所使用的基本术语应采用有关国家标准、行业标准、国际标准以及国际、国内的通用术语。对理解设计文件有重要影响的非通用术语,应做出定义,同一概念应始终采用同一术语或符号。

2　术语和符号

2.0.1　建设项目(Construction Project)

建设单位按一个总体设计进行建设,行政上有独立的组织形式并统一管理,经济上统一核算,形成综合生产能力的项目,一个建设项目可包含多个单项工程。

2.0.2　单项工程(Single Construction)

建设项目的组成部分,具有单独设计文件,建成后能够独立发挥生产能力或发挥效益的工程。

2.0.3　单位工程(Unit Construction)

单项工程的组成部分,具有独立的设计文件,可以独立组织施工,但建成后不能独立形成生产能力和发挥效益的工程。

2.0.4　通用图(Standard Drawing)

经过设计单位审核、批准并在多个建设项目中反复使用的图纸。

2.0.5　总册(Total Volume of Construction Project)

汇集或指导"单项工程"的编册为"总册"。总册应涵盖建设项目的总体概况、总建设方案、投资汇总等,具有总览全局的作用。

2.0.6 单项总册(Total Volume of Single Construction)

汇集单位工程的册为单项总册。它应涵盖单项工程的工程概况、建设方案、投资汇总等。

3 工程设计文件的构成

3.0.1 设计文件通常包括总册、单项工程设计册、单位工程设计分册等,设计文件的编册组成形式见附录 B。

3.0.2 初步设计文件、一阶段设计文件一般按照单项工程编制,多个单项工程的设计文件应编制总册。当单项工程数量较少时,可在主要专业设计中编制总册内容。当多个单项工程设计内容较少时可合册编制。

3.0.3 施工图设计可以按照单项工程或单位工程进行编制。按照单位工程编制的设计文件,必要时可编制单项工程总册。

3.0.4 设计文件由封面、扉页、设计资质证书、设计文件分发表、目次、正文、封底等组成。其中正文应包括设计说明、概(预)算、图纸等内容,必要时可增加附表。

3.0.5 按照工程管理、施工、设备器材采购的实际需要,设计文件明等内容单独出版。

4 工程设计文件编制内容要求

4.1 一般要求

4.1.1 设计文件一般按初步设计和施工图设计两阶段编制,规模较小、技术成熟或套用标准设计的可编制一阶段设计。

4.1.2 初步设计应根据批准的可行性研究报告和设计委托,以及设计勘察所取得的设计输入基础资料进行编制。初步设计的主要内容应包括工程概述、业务需求、建设方案、设备配置及选型原则、局站建设条件和工艺要求、设备安装基本要求、防雷与接地、抗震加固要求、安全与防火要求、运行维护、培训与仪表配置要求、工程进度安排、概算编制、图纸等内容。

4.1.3 施工图设计应根据批准的初步设计或设计委托,以及设计勘察所取得的设计输入基础资料进行编制。施工图设计内容主要包括工程概述、网络资源现状及分析、建设方案、设备、器材配置、工程实施要求、施工注意事项、验收指标及要求、运行维护、培训与仪表配置、预算编制、图纸等内容。

4.1.4 工程设计中凡依据国家或行业强制性标准的,应在设计依据中明确强制性标准文号及名称。

4.1.5 一阶段设计应包括上述初步设计及施工图设计相关部分的内容,以达到相应的深度要求来编制工程预算。

4.1.6 凡涉及节能、环保、劳动保护、共建共享的工程应增加相关内容。

4.1.7 初步设计、一阶段设计文件的总册应简述方案比选、推荐总体方案、建设总规模和总投资,以及投资分析等方面的结论。总册包含的内容为:总体说明,包括设计依据、设计文件组成、总体方案、总的规模容量及需要进行总体说明的内容概要等;总投资额,包括概算或预算汇总表;设计总图,如总体方案图、平面图、系统图、结构图、路由图、网络图等。多个设计单位的设计总册由主体设计单位负责编制。

4.1.8 概(预)算编制应包含概(预)算编制说明及概(预)算表格,概(预)算的编制应执行工信部现行通信建设工程概算、预算编制办法及相关定额的规定。

4.2 初步设计正文内容要求

4.2.1 设计说明中的概述应包括以下内容:

1. 工程概况包括工程名称、建设背景、建设目的、建设内容、设计阶段划分、工程概算等情况。

2. 设计依据主要包括可行性研究报告、可行性研究报告的批复、建设单位设计任务委托书、国家标准、国家相关技术体制、设计规范和行业标准、工程勘察和收集的资料等。作为设计依据的相关文件,应列出发文单位、文号及文件名称。

3. 设计范围及分工应说明设计内容和设计范围,根据实际情况明确各专业间的分工界面及与建设单位和设备/器材供应商之间的分工界面。如果设计由多家设计单位共同承担,应说明各设计单位之间的分工。

4. 设计文件编册应说明全套设计文件组成情况,并说明本册设计的编册及名称。

5. 建设规模及主要工程量简述工程总体方案结论、建设规模和主要工程量。可按工程专业类别进行描述:通信设备安装工程按照专业、设备类型等进行分项说明;通信线路工程按照敷设方式、光缆芯数/电缆对数等分类说明;通信管道工程按照建设方式、管材类型及管孔数量等分类说明。

6. 初步设计与可行性研究报告的变化应说明初步设计与经批准的可行性研究报告规模、投资的变化情况,并着重说明发生变化的内容及原因。

4.2.2 业务需求应包括业务预测方法及预测结果、工程满足期限。

4.2.3 建设方案应包括以下内容:

1. 分析工程相关资源现状、资源利用情况、存在的问题,并简述相关网络以及所需配套系统的情况。

2. 说明工程建设原则、建设目标和建设思路。

3. 详细说明为满足业务需求和建设目标,根据建设原则制定的建设方案、技术指标及参数、形成的生产能力、相关建设需求。建设方案在可行性研究报告的基础上应进一步深化,充分利用现有资源,并进行方案比选。通信专业单项工程建设方案的主要内容见附录C。

4.2.4 设备、器材配置及选型应包括工程拟购置的主要通信设备、器材的技术要求(含抗震要求)、配置要求及选型原则,其内容如下:

1. 通信设备安装工程应包括设备功能、性能、接口种类及数量等。

2. 通信光缆工程应包括光缆类型、芯数、规格、技术参数、光纤类型、配套材料等。

3. 通信管道工程应包括管孔数量、规格及材料等。

4.2.5 通信局站建设条件及工艺要求应根据工程内容提出,主要包括以下内容:

1. 通信局站建设的选址要求。

2. 机房的工艺要求,包括室内净空高度、地面等效均布活荷载、机房环境要求及消防等要求。

3. 对直流或交流供电系统的技术要求和负荷需求。

4. 防雷与接地系统要求,包括接地方式、接地电阻等。

5. 对铁塔的工艺要求,包括平台、高度、负载等要求。

6. 对楼顶天线增高架的工艺要求,包括高度、负载等要求。

7. 对进线室的工艺要求,包括净高、净宽等。

8. 对其他配套系统建设的要求。

4.2.6 通信设备、线路、管道工程安装基本要求应包括以下内容:

1. 设备工程对机房平面布置、安装方式、抗震加固的要求。

2. 线路工程对架空、直埋及管道光电缆的敷设要求。

3. 管道工程对管道开挖和穿越、管道基础、管道敷设、复土的要求等。

4.2.7　对工程所采用的设备、材料的节能、环保、消防安全提出要求。

4.2.8　需共建共享的建设项目,应根据国家、行业相关规定及技术标准提出建设方案,并符合国家及行业的相关现行的规范和标准。

4.2.9　应提出维护管理要求、维护仪表配备、生产管理人员定额及工程人员技术培训要求等。

4.2.10　对于特殊地区、特殊工程应增加劳动保护要求。

4.2.11　工程进度安排应简述设计批复、工程采购,设备到货、施工图设计、设备安装、设备调测、初验、试运行、竣工验收等阶段安排。

4.2.12　工程概算由概算编制说明和概算表组成,概算编制说明应包含以下内容:

1. 概算编制依据应列出依据的相关文件,包括国家相关规范、概(预)算编制和费用定额的相关文件、建设单位的相关规定等。作为编制依据的相关文件,应列出发文单位、文号及文件名称,

2. 概算取费说明应对有关费用项目、定额、费率及价格的取定和计算方法进行说明。

3. 概算投资及技术经济指标分析应说明工程概算总额,分析各项费用的比例和费用构成,分析概算与可行性研究报告批复投资估算对比情况。若概算总投资突破可行性研究报告批复投资或差异较大时,应申述理由。共建共享工程还应说明投资分摊等情况。

4.2.13　图纸应包含反映工程建设总体方案的图纸:

1. 通信设备安装工程应包括网络组织、系统构成和设备平面布置等图纸。

2. 通信线路工程应包括相关路由图及敷设方式图等。

3. 通信管道工程应包括相关路由图等。

4.3　施工图设计正文内容要求

4.3.1　设计说明中的概述府包括以下内容:

1. 工程概况说明工程名称、建设内容、设计阶段划分、预算投资等情况。

2. 设计依据主要包括初步设计、初步设计批复、设计任务委托、国家标准、国家相关技术体制、设计规范和行业标准、工程勘察和收集的资料、设备供货合同等。作为设计依据的相关文件应列出发文单位、文号及文件名称。

3. 设计范围及分工应说明工程设计内容和设计范围,根据实际情况明确各专业间的分工界面及与建设单位和设备供应商之间的分工界面,如果设计由多家设计单位共同承担,应说明各设计单位之间的分工。

4. 设计文件编册应说明全套设计文件的组成情况,并说明本册设计的编册及名称。

5. 工程建设规模及主要工程量应说明工程建设规模、主要安装工程量,其中包括设备及材料。

4.3.2　应简述网络(系统)现状,初步设计批复的方案。如现场勘察有变化或方案有调整,应做进一步的说明。

4.3.3　应说明工程主要通信设备、器材配置情况,包括工程采用设备、器材的型号、数量、功能及其性能指标。

4.3.4　通信设备工程实施要求应包括以下内容:

1. 机房布局及设备排列、各种缆线走线方式和路由,以及设备安装、缆线布放的工艺要求。

2. 走线架的工艺要求,包括室内外走线架。

3. 电源引接的要求和具体措施。

4. 抗震加固要求及具体措施。

5. 防雷与接地要求及具体实施措施。

4.3.5 通信线路工程实施要求应包括以下内容:

1. 线路敷设定位方案的说明,标明施工要求如埋深、保护段落及措施。

2. 线路穿越各种障碍的施工要求及具体措施。

3. 对特殊地段复杂地质情况的施工方法说明。

4. 光(电)缆线路的防护措施说明,包括防雷、防强电等。

4.3.6 通信管道工程实施要求应包括以下内容:

1. 管道、人孔、手孔、缆线引上管等的具体定位位置、建筑材料及建筑程式。

2. 管道施工实施要求以及人孔、手孔结构及内孔的要求。

3. 对有其他地下管线或障碍物的地段,提出物探等处理要求。

4.3.7 根据工程建设需要,列出工程验收指标或要求。

4.3.8 如工程涉及割接,应制定工程割接方案,并对工程实施提出要求。

4.3.9 说明施工中的注意事项,应提出对人身安全、设备安全、通信安全、环境保护、防火等的要求。

4.3.10 说明维护管理要求、维护仪表配备、生产管理人员定额及工程人员技术培训要求等。

4.3.11 设计预算由预算编制说明和预算表组成,预算编制说明应包含以下内容:

1. 预算编制依据应列出发文单位、文号、文件名称等。

2. 预算取费说明应对有关费用项目、定额、费率、设备及材料价格的取定和计算方法进行说明。

3. 工程预算及技术经济指标分析应说明工程预算总投资,分析工程单位造价,与初步设计概算投资进行对比分析,共建共享工程还应说明投资分摊等情况。

4.3.12 设计图纸应按照批复的工程建设方案编制可指导实施的图纸,包括的内容如下:

1. 通信设备安装工程图纸应包括网络组织图、系统图、通路组织图、各局站平面布置图、设备安装图、缆线布放图、设备抗震加固图、防雷与接地图等。

2. 通信线路工程图纸应包括相关路由及敷设方式图、配线架排列图、配线图、成端图、设备机框安装位置图等。对直埋工程障碍物的地段,应绘制剖面设计图。

3. 通信管道工程图纸应包括相关路由图、纵断图、横断图、特殊人手孔图。管道、人孔、手孔结构及建筑施工应采用的定型图纸。非定型设计应附结构及建筑施工图。对有地下管线或障碍物的地段,应绘制剖面设计图,标明交接位置、埋深及管线外径等。

4.4 一阶段设计正文内容要求

4.4.1 一阶段设计的内容主要包括工程概述(工程概况、设计依据、设计文件组成、设计范围及分工、工程建设规模及主要工程量)、业务需求、建设方案、设备、器材配置及选型原则、局站建设条件及工艺要求、工程安装基本要求、工程实施要求及施工注意事项、预算、施工图纸等。

4.4.2 一阶段设计应符合本规定第 4.2 节、第 4.3 节相关内容的要求。

5 工程设计文件编制基本格式要求

5.1 封面标识内容及要求

5.1.1 封面标识应包括建设项目名称、设计阶段、单项工程名称及编册、设计编号、建设单位名称、设计单位名称、出版年月等内容。封面标识要求详见附录 D。

5.1.2 封面标识要求包括以下内容：

1. 建设项目名称应与立项名称一致，一般由时间、归属、地域、通信工程类型等属性组成。

2. 设计阶段标识分为初步设计、施工图设计、一阶段设计，各阶段修改册在相应设计阶段后加括号标识。

3. 单项工程名称应简要明了，以反映本单项工程的属性。

4. 设计编号是设计单位的项目计划代号。

5. 建设单位和设计单位名称应使用全称。

6. 设计单位应在设计封面上加盖设计单位公章或设计专用章等。

5.2 扉页内容及要求

5.2.1 扉页标识内容应包括建设项目名称、设计阶段、单项工程名称及编册、设计单位的企业负责人、技术负责人、设计总负责人、单项设计负责人、设计人、审核人、概（预）算编制及审核人员姓名和证书编号。扉页标识要求详见附录 D。

5.3 设计文件分发表要求

5.3.1 设计文件分发表应放在扉页之后，出版份数和种类应满足建设单位的要求。

5.3.2 设计文件分发表宜采用通用格式，设计文件分发表格式详见附录 E。

5.4 目次要求

5.4.1 目次一般要求录入到正文说明的第三级标题，即部分、章、节。三级的目次均应给出编号、标题和页码。

5.4.2 目次应列出概（预）算表名称及表格编号。

5.4.3 目次应列出图纸名称及图纸编号。

5.4.4 附表应在目次中列出附表名称及编号。

5.5 设计说明要求

5.5.1 设计说明中的各层次标题应用阿拉伯数字连续编号，不同层次的数字之间用下圆点"."相隔，标题层次不宜过多，一般不超过 5 级。其他扩展层级标题和条文性说明宜采用括号阿拉伯数字、半括号阿拉伯数字、圆圈阿拉伯数字、半括号小写英文字母等标识，正文说明层次编号详见附录 F。

5.5.2 设计说明中的表格应有表名和编号，并应列于表格上方居中。表应按章节号前加"表"字编号。当同一个章节中有多个表时，可在章节号后加表的顺序号。表格跨页时，应重复表头。

5.5.3 说明中的插图仅限于一般原理图、系统图、示意图等无尺寸比例图纸。插图应有图名和编号，并应列于插图下方居中。插图应按章节号前加"图"字编号。当同一个章节中有多个插图时，可在章节号后加插图的顺序号。

5.6 概（预）算编制要求

5.6.1 概（预）算在设计文件正文中作为独立部分编制，其格式要求符合本规定第 5.5

节的规定。

5.6.2 概(预)算表格编制要规范,工程名称、建设单位名称、表格编号、编制人、审核人及编制日期应齐全。

5.7 图纸编制要求

5.7.1 图纸、图衔、图纸编号应按照 YD/T 5015《电信工程制图与图形符号规定》编制。

5.7.2 通用图纸的编号采用"T—专业代号—图纸序号"。

5.7.3 图纸签字范围及要求如下:

1. 初步设计和一阶段设计图纸应有设计人、单项设计负责人、审核人、设计总负责人签字。

2. 施工图设计图纸应有设计人、单项设计负责人、审核人签字。

3. 通用设计图纸应有设计人、审核人、企业专业技术主管批准。

4. 对于多家设计单位共同完成的设计文件,应对各自的设计图纸负责审核和批准。

5.8 文件格式编排要求

5.8.1 说明文字部分、章、节的编号宜顶格编排,编号与其后面的标题或文字之间空一个汉字的空间,段的文字空两个汉字起排,回行时顶格编排。

5.8.2 说明文字字体宜采用小四号宋体或仿宋体字,部分、章、节的编号及标题字体宜采用比正文说明部分大半号或大一号的字体并加粗,也可以采用黑体字;表注、图注、其他脚注或页眉页脚宜采用比正文说明部分小一号的其他字体。

5.8.3 首页、扉页、分发表不编页号,目次应编页号并宜采用不同于正文说明部分的页号编制。

5.8.4 设计文件的设计说明应连续编排。概(预)算部分应另起一页编排,以利于概(预)算册的单独装订。

5.9 文件装订要求

5.9.1 设计文件按封面、扉页、资质证书、分发表、目次、设计说明、概(预)算、图纸、封底的顺序装订。附表的顺序按目次要求。

5.9.2 设计文件由于使用对象的不同而需单独装订的内容,应在封面文件编册名称后加括号注明内容。若装订厚度需分册装订的,应在封面及扉页进行标识,分册内容应在目次中进行标识。

附录 A 本规定用词用语

本规定条文执行严格程度的用词,采用以下写法:

A.0.1 表示很严格,非这样做不可的用词:

正面词采用"必须";

反面词采用"严禁"。

A.0.2 表示严格,在正常情况下均应这样做的用词:

正面词采用"应";

反面词采用"不应"或"不得"。

A.0.3 表示允许稍有选择,在条件许可时首先应这样做的用词:

正面词采用"宜";

反面词采用"不宜"。

A.0.4　表示可以根据具体情况进行选择的用词采用"可"。

附录 B　设计文件编册组成形式

设计文件按一般工程和较小工程分类编册,编册组成如图 B.1.0 示。

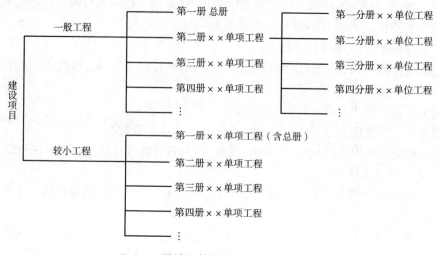

B.0.1　设计文件编册组成形式示意图

附录 C　通信专业单项工程建设方案的主要内容

C.0.1　核心网工程建设方案应包括话务网结构、信令网结构、中继及信令链路的配置,分组域网络组织方案、带宽需求及接口配置,特服网路组织、网间互联互通、编号计划、同步方式、网管、计费方式等内容。

C.0.2　数据网络工程建设方案应包括数据网络结构、路由组织、链路设置方案,网间互联互通方案、IP 地址分配、服务质量解决方案、网管方案、同步方案、路由保护方案等。

C.0.3　传输设备工程建设方案应包括传输网络组织方案、光中继段核算、安全保护方案、网管方案、同步方案、通路组织等。波分工程还应增加波道组织方案。

C.0.4　移动无线网络工程建设方案应包括覆盖区划分、基站覆盖及容量设置方案、站型选择、链路预算与覆盖分析、容量分析、基站设置原则、基站信道配置、天馈设置方案、基站控制器设置方案、无线操作维护中心设置方案、接口与信令、频率计划与干扰协调等。

C.0.5　微波工程建设方案应包括全线路由方案,站址路由技术情况要求、微波空中保护通道方案、站址设置和选定、系统组织方案、波道和频率极化配置、通信系统及各站接收方式、电路通路组织、公务系统的制式选择与电路分配、监控系统设计制式选择及系统组成、天线、馈线系统设计、电路质量指标估算。

C.0.6　卫星地球站微波工程建设方案应包括通信系统的组成和设备配置、协调区计算、微波辐射影响计算、上行传输质量预测等,以及对天线直径、品质因素的要求。地球站数字复用终端设备工程建设方案还应包括本站对各站电路数及上下行频谱安排、中继方式、业务系统设计。

C.0.7　一点多址无线通信工程设计方案应包括中心站及外围站设置的地点选择、站址路由技术情况、通路组织方案、中继电路、工作频率及多址方案选择、天线、杆塔设计要求等。

C.0.8　无线接入网工程建设方案应包括接入方式选择、网络部署方案、系统设计、接入控制设置要求、接入点设置要求、上联通路组织、网管要求等。

C.0.9　有线宽带接入网设备工程建设方案应包括接入方式的确定、局点设置、接入点设置、传输与数据上联要求、网管要求等。

C.0.10　业务平台工程建设方案应包括系统总体架构、业务流程、需求分析、服务器配置方案、存储配置方案、网络配置方案、系统软件配置方案、系统集成方案、容灾备份系统方案、安全策略、IP 地址规划等。

C.0.11　信息系统工程建设方案应包括系统总体体系架构、软件功能需求、处理能力需求分析、服务器配置方案、存储配置方案、网络配置方案、系统软件配置方案、系统集成方案、容灾备份系统方案、安全策略、IP 地址规划等。

C.0.12　通信线路工程建设方案应包括光(电)缆方案路由的选定、确定光(电)缆容量、条数、特殊地段的设计方案,确定割接方案、光(电)缆线路的防护方案、传输衰耗的说明、光缆色度色散和偏振膜色散指标的说明等。干线工程还应包括中继站的设置和中继段长度的计算。接入网线路工程还应有交接点的设置、交接区和配线区的划分、光分路器的设置与配置及信息点的设置方案。

C.0.13　通信管道工程建设方案应包括路由方案选择、管孔容量确定、管材选用、人(手)孔型式选用、技术要求等。

C.0.14　通信电源工程建设方案应包括交流设备配置原则、交流设备选型、直流设备配置原则、直流设备选型(含开关电源、蓄电池、配电设备等)、接地系统设计、通信电源集中监控系统设计原池、配电设备等。

附录 D　设计文件封面、扉页标识的内容及格式

D.0.1　设计文件封面标识的内容及格式要求示意,如图 D.0.1 所示。

建设工程项目名称
设计阶段

第×册　×　×　×单项工程名称
第×分册×　×　×单位工程名称

设计编号:×　×　×　×　×
建设单位:×　×　×　×　×
设计单位:×　×　×　×　×

设计单位(公章或设计专用章)
×　×　×　×年×　×月

图 D.0.1　设计文件封面标识的内容及格式

D. 0. 2 设计文件扉页标识的内容及格式要求示意,如图 D. 0. 2 所示。

建设工程项目名称
设计阶段

第×册　×××单项工程名称
第×分册　×××单位工程名称

企业负责人:　　　×××
企业技术负责人:　×××
设计总负责人:　　×××
审核人:　　　　　×××
单项设计负责人:　×××
设计人:　　　　　×××

概(预)算审核:×××　　　　证号:××××
概(预)算编制:×××　　　　证号:××××

图 D. 0. 2 设计文件扉页标识的内容及格式

附录 E　设计文件分发表通用格式

设计文件分发表通用格式示意,如表 E.0.1 所示。

表 E.0.1　设计文件分发表

单位名称	全套文件	图纸及说明	全套概(预)算	全套器材概(预)算表
合计				
备注	设计单位地址: 设计总负责人:　　联系电话: 单项设计负责人:　　联系电话:		邮编: 电子邮箱: 电子邮箱:	

附录 F　设计文件正文层次编号

F.0.1　设计文件正文用分级标题方式来说明文件的组织架构。正文第一级编号用中文大写表示部分,说明中层次标题应使用阿拉伯数字连续编号,不同层次的数字之间用下圆点“.”相隔,最多不应超过 5 级;其他层级标题或条文性说明可采用图 F.0.1 中第5 级、第 6 级的编号。附表作为独立的部分列入目次。一般设计文件正文层次编号见图 F.0.1。

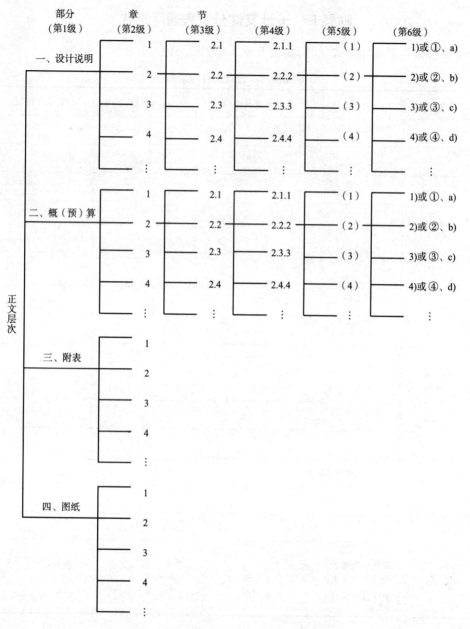

图 F.1.0　设计文件正文层次编号示例